JN014239

Excelで"時短"
システム構築術

—— 案件管理の効率化を簡単に実現しよう!

佐藤嘉浩

技術評論社

はじめに

　本書では、実際に業務で使うような仕組みを作ります。

　これには三つの目的があります。まず、Excelの機能ひとつひとつをバラバラのものとして扱うのではなく、Excelの機能と機能同士の組み合わせ、関数などの計算式と機能との組み合わせ、計算式同士の組み合わせにより、それぞれを単独で使うことの数十倍、効率的なことにつながる、という体験をしていただくことが一つめの目的です。

　さらに、実際に組み合わせていくことで、意外とExcelは簡単な操作で、思った以上のものが組みあがることを体験していただきたいことが、二つめの目的です。はじめはブロック単位で小さい動きをするものから作るので、それが何のためにどう動くのか実感できないと思います。しかしそれを使って全体を組み上げていって完成したときに、どういった役割のものを作っていたのか実感できるはずです。まるでプラモデルを組み上げたり、手芸でマスコットを作ったりするように、楽しく使えるExcelを体感してほしいと思っています。

　最後に、Excelの仕組み作りは、思っている時間よりはるかに短い時間で達成できると実感していただけることが三つめの目的です。普通、「案件管理システム」というと何日もかけて作っていくことになります。しかし、そこまで時間を取ることが時間の制約だったり、予算の制約だったりといった要因で、できない場合も中にはあります。そのようなときにどうしても作らなければならないというときのために、こういった手段もあるということをわかっていただけるよう執筆しています。今回は作成目標時間を8時間と考えています。

　以上の三つの目的を叶えるために必要なことは、実際に操作をすることです。そして、うまくいってもいかなくても、本書の内容の操作を繰り返しやって「案件管理システム」を何度も作成してみる「復習」を何度もするということです。おそらく操作が一回だけだと、疑問点が全体の9割以上残るでしょう。それが復習を繰り返すごとに解消され、全部を理解した後の復習では、自分なりのオリジナルのやり方を見つけ始めることでしょう。そうなったらとても素晴らしいこ

とです。そこにたどり付くことが、最終目的です。

　本書の解説は「学習」と「操作」の2種類のセクションがあります。「学習」と書いてあるセクションでは、操作の前に必要なことを解説します。じっくり解説を読んでください。「操作」と書いてあるセクションでは、Excelを使った操作を解説します。作成方法を見ながら実際にExcelを操作してください。操作を行うことで、Excelの使い方や応用方法が具体的にわかります。こうして学習と操作を繰り返しながら、課題を一つずつ完成させる内容になっています。

　初心者の方にとっては難しい内容かもしれません。この本を進めていく中で、うまく動作しないこともあるかもしれませんし、失敗することもあるかもしれません。しかし、それは皆が経験することですので、心配する必要はありません。最初から完璧に作らなければならないわけではありませんし、失敗しても気にする必要はありません。気軽に操作をしていきましょう。

　仕組み作りはデータを用意してから作成します。本来であれば、データが用意できなければダミーデータを作成する必要がありますが、本書では、あらかじめデータが入力されているシートを使って作成を始めます。また、うまく動作しなかった場合に備えて、一つずつ完成しているファイルも用意されていますので、失敗したところから続けることができます。このように、なるべくハードルを下げ、仕組み作りを体験できるようになっています。

　うまくいってもいかなくても、何度も復習することをお勧めします。うまくいかない原因は、操作を読み飛ばしたり、読んでも操作しなかったりすることですので、指示通りに忠実に操作してください。もちろん、それはストレスを感じることもあるかもしれませんが、まずはうまくいかなくても操作を試してみてください。

　最初はうまくいかなくても、復習を重ねるうちに慣れてきてうまくいくようになります。もしもうまくいかない箇所があれば、それは自分のウィークポイントが見つかったということですので、重点的に学習していきましょう。

Contents

第4章 計算式の作成 099

Contents

本書のサンプルファイルは
下記のURLよりダウンロードしていただけます。

https://gihyo.jp/book/2023/978-4-297-13617-8/support

免責

- ●本書に記載された内容は、情報の提供のみを目的としています。本書を用いた運用は、必ずお客様自身の判断・責任において行ってください。

- ●ソフトウェアに関する記述は、特に断りのない限り、Windows 11およびMicrosoft 365の2023年7月現在の最新バージョンに基づいています。ソフトウェアのバージョンによっては、本書の説明とは機能・内容が異なる場合がございますので、ご注意ください。

以上の注意事項をご承諾していただいたうえで、本書をご利用ください。これらの注意事項に関わる理由に基づく返金・返本等のあらゆる対処を、技術評論社および著者は行いません。あらかじめご了承ください。

本書中に記載の会社名、製品名などは一般に各社の登録商標または商標です。
なお、本文中には™、®マークは記載していません。

第 **1** 章

Excelの機能と
業務内容を理解する

1.1 Excelの役割を理解する

学習

Excelで仕組み作りをするときにどんなことを考えなければならない
のでしょうか。実際にExcelで製作していく前に考えてみましょう。

業務を理解する

時代はデジタルやITの進化が早く、AIの進歩も特に驚異的です。AIができ
ないことはほとんどありませんが、自分が欲しいものを完璧に提供してもらう
ことはできません。それはAIが業務の文脈やニュアンスを理解していないた
めです。業務に対する理解は人間にしかできないことであり、問題を抱えてい
る業務に対して適切な解決策を見つけることができます。

将来的には、ExcelにもAIが搭載される可能性があります。AIに操作内容を
伝えると、それに基づいて関数やVBAのコードを生成してくれるかもしれま
せん。しかし、業務の具体的な流れや要件を考慮して、それを実際に組み立て
るのは人間です。

業務の流れを正確に考えること自体がデジタル化の一環であり、業務とデジ
タル技術の橋渡し役となるスキルを身につけることが重要です。だからこそ、
今のうちにスキルを向上させておくことが大切です。

Excelの役割

Excelの勉強をして一定のレベルに達したとしても、「Excelを使って業務効
率化せよ」、と指示されたときに、何をしたらいいかわからないと思います。
それはExcelが何のために使うのかが不明瞭だからです。

Excelは、本質的には表計算ソフトウェアです。その名の通り、「数値」や「デー
タ」を計算するためのツールです。「数式」や「関数」を使ってデータの計算や集
計を行うことができます。グラフも作成することができます。次のデータでは、

売上月ごとに販売先ごとに売上金額の合計を求めることができるでしょう。

	A	B	C
1	売上日	販売先	売上金額
2	2月17日	B社	1,084,247
3	3月10日	C社	2,752,363
4	3月26日	A社	3,511,738
5	4月14日	B社	6,734,892
6	4月23日	B社	4,100,946
7	4月25日	A社	2,148,933
8	4月28日	A社	2,268,062
9	5月18日	C社	7,726,758
10	5月20日	A社	2,810,815
11	5月24日	C社	3,451,938

　しかし、現実の業務や日常の使用では、Excelは単なる計算ツール以上の役割を果たしています。具体的には、Excelは「データ管理」のために広く利用されています。データの入力、整理、分析、可視化、報告など、さまざまなデータ管理の作業にExcelが活用されています。次の表はチェック表で、計算のない表です。

	A	B	C
1	やること	いつまで	チェック
2	A社に見積書をメール	4月14日	○
3	B社と契約書の締結	4月23日	○
4	C社にプレゼン	4月25日	
5	D社と打ち合わせ	4月28日	

　この「計算」機能と「データ管理」機能を同時に使って業務効率化を目指してみましょう。単独で使うことの数倍の効果的な業務効率化が可能です。
さらにExcelを使うことで、データを整理して表形式で表示し、必要な計算や集計を行うことができます。さらに、「**フィルター**」や「**並べ替え**」**機能を使ってデータを絞り込む**こともできます。
　そこで、このような一覧表を管理するために、Excelには「テーブル」というとても便利な一覧表管理機能が搭載されています。**テーブルをどう制していくか、これが業務効率化のカギ**となると言えます。
　このテーブルではどんなことが便利なのか、どう使うのかといったことは、以降の章で解説します。
　本書では、テーブルの利点を生かした自動化、効率化の方法を解説します。

一覧表の使い方

　業務を理解するためには、「一覧表」の使い方を知る必要があります。一覧表は、業務で使用されるさまざまな情報を整理して表示するための表です。以下、一般的に業務で使用される一覧表の具体的な使い方についてわかりやすく解説します。

1. **販売データの一覧表**：販売したデータは販売ごとに一覧表に追加されます。通常、入力ミスがない限りデータは変更されません。この一覧表には、販売した商品やサービス、取引先の情報などが記録されます。
2. **顧客一覧表**：顧客一覧表では、初めて取引する新しい取引先が登場した場合や、取引先の情報が変更された場合にデータが追加または変更されます。例えば、新しい顧客との取引が始まった場合は、その顧客の情報を一覧表に追加します。また、取引先の住所や連絡先が変更された場合には、それに応じて情報が更新されます。
3. **商品一覧表**：商品一覧表では、新しい商品が追加された場合にデータが追加登録されます。一般的には、商品名や価格の変更があった場合にも情報が更新されます。この一覧表は、販売する商品の在庫管理や価格設定などに活用されます。

　「一覧表」は業務における重要な情報の整理や管理に役立つツールです。販売データや顧客情報、商品情報などが正確に記録されることで、業務の効率化や迅速な判断が可能になります。業務に応じて適切な一覧表を活用し、必要な情報を的確に把握することが重要です。

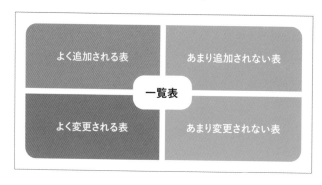

一覧表を効率的に操作するためには、「追加」、「変更」、「削除」の機能を1回の操作で実行できるようにすることが重要です。

「追加」操作は比較的簡単で、新しいデータを一覧表の一番下に追加するだけです。

　一方、「変更」と「削除」は少し複雑です。変更を行う場合は、対象のデータを「目で見て探し出して」内容を変更します。「削除」を行う場合は、対象のデータを「見つけて」削除する必要があります。人間の目でデータを探すのは比較的簡単ですが、Excelで自動的に対象のデータを探すようにするのは難しい作業です。

　したがって、一覧表の操作においては、**追加は簡単であるが、変更と削除は難しい**というポイントを覚えておくことが重要です。実際の作業でこれらの操作を行う際には、このポイントが重要な役割を果たします。

販売の順番

　販売する際の順序について理解しておく必要があります。以下、一般的な販売の手順をわかりやすく説明します。

1. **案件の発生**：お客様からの注文を「案件」と呼びます。この時点で、どのような商品やサービスをどの取引先に売るかが分かっています。
2. **見積**：取引先に対して、商品やサービスの価格を示す「見積書」を提供します。これによって取引先は購入の検討を行います。
3. **注文**：見積が受け入れられ、取引先が購入を決定した場合、実際の注文が行われます。「注文書」を取引先から受け取ります。
4. **仕入れ**：注文を請けたら、必要な商品やサービスを仕入れます。これによって在庫が揃います。
5. **納品**：仕入れた商品やサービスを取引先に届ける「納品」が行われます。納品書を取引先に提供します。
6. **請求**：代金を取引先に請求します。「請求書」を取引先に送ります。請求のタイミングは納品と同時か納品の数日後、月末など、状況によって異なります。
7. **入金確認**：取引先から代金が支払われたかどうかを確認します。これによって入金が確定し、取引が完了します。

以上が一つの案件の販売手順です。これによって、順番に進めることで効率的かつ信頼性のある販売活動が行われます。

このように、**案件には順番があります**。本書で作成するものは、この順番でチェックが「2クリック」でできるようにし、見積と納品と請求に関しては、それぞれの文書が作成されるような仕組みを作ります。

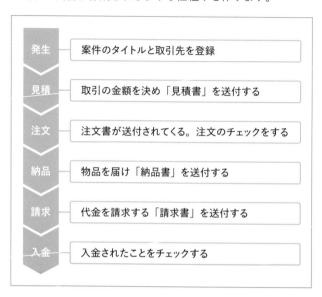

ところで、なぜワンクリックではなく、2クリックなのでしょうか。それは、**ワンクリックしただけで登録されると、無意識にクリックしたときにもチェックされてしまう**ので、チェックする前に一回、本当に処理していいのかを選択するメッセージを表示するからです。

このように、すべてをワンクリックで完了するのではなく、誤操作を防ぐために、操作を一回挟むということもします。

販売データ

一つの案件では、同じ商品だけ販売するケースもありますし、複数の異なる商品を販売することもあります。また商品ごとに1個の場合もあれば、複数の販売をすることもあります。

これはコンビニエンスストアやスーパーで商品を買うときに**1回に買うものが、一つの場合もあるし複数の場合もある**ということと同じです。このような場合の販売商品がどんなものがあるのか記録する方法はどのような形があるでしょうか。

例えば、このように販売した内容を書く方法ではどうでしょうか。

	A	B	C	D
1	売上日	販売先	売上金額	内容
2	2月17日	B社	1,005,000	PC5台:単価200,000円,マウス5個:単価1,000円
3	3月10日	C社	1,500,000	サイネージ1台:単価1,000,000,プログラム1台:単価1,500,000円
4	3月26日	A社	3,500,000	タブレット350台:単価100,000円
5	4月14日	B社	6,700,000	電子カルテ一式:6,700,000円

このような記録でわかるからいいのでは？と記録されているケースも多いです。記録はされていて、人間が見てわかりますが、Excelでの集計は難しいのです。D列の内容に記録されているものは商品と個数と単価が一つのセルに入り、また、複数の商品情報が一つのセルに入っています。これはExcelにとっては数値ではなく、長い文字です。Excelは文字データを足したり引いたりといった計算ができませんので、集計することはできません。

商品別売り上げを分析したいときには使えないですし、「直前に販売したパソコンは単価いくらで販売したか」を調べるのも販売数が多ければ困難になってきます。

では次のケースではどうでしょう。

	A	B	C	D	E	F	G	H	I
1				商品1			商品2		
2	売上日	販売先	売上金額	商品名	数量	単価	商品名	数量	単価
3	2月17日	B社	1,005,000	PC	5	200,000	マウス	5	1,000
4	3月10日	C社	1,500,000	サイネージ	1	1,000,000	プログラム	1	1,500,000
5	3月26日	A社	3,500,000	タブレット	350	100,000			
6	4月14日	B社	6,700,000	電子カルテ	1	6,700,000			

商品ごとに横に広げます。この形式では欠陥があって、横方向にどんどん伸びていきます。横スクロールをしながらデータを見るので大変ですし、何商品あるのかわからない中、この形式で記録するのはとても危険です。

そこで、こんな形式ではどうでしょう。

	A	B	C	D	E	F
1	売上日	販売先	売上金額	商品名	数量	単価
2	2月17日	B社	1,005,000	PC	5	200,000
3				マウス	5	1,000
4	3月10日	C社	1,500,000	サイネージ	1	1,000,000
5				プログラム	1	1,500,000
6	3月26日	A社	3,500,000	タブレット	350	100,000
7	4月14日	B社	6,700,000	電子カルテ	1	6,700,000

縦方向に商品が増えても行を追加すればいいので、何商品でも入ります。横スクロールする必要もありません。

ただ、問題は3行目と5行目です。この行ではマウスとプログラムを販売しています。A列からC列まで空白になっています。人間が見ればわかりますが、Excelではここは空白です。つまりExcelはマウスとプログラムはいつ、どこに売ったかわかりません。

もう一つ問題があります。それぞれの案件で数量と単価があるので計算すれば売上金額はわかります。今、売り上げた金額については二重に登録されているのです。ではどちらを記録するのかを考えると、細かいデータである単価と数量を記録しておくべきなので、その合計金額の売上金額は記録しません。

そうすると次のような一覧表になります。

	A	B	C	D	E
1	売上日	販売先	商品名	数量	単価
2	2月17日	B社	PC	5	200,000
3	2月17日	B社	マウス	5	1,000
4	3月10日	C社	サイネージ	1	1,000,000
5	3月10日	C社	プログラム	1	1,500,000
6	3月26日	A社	タブレット	350	100,000
7	4月14日	B社	電子カルテ	1	6,700,000

2月17日のB社が2行に渡り同じデータがあるのも見にくいものです。

ここが一番のポイントなのですが、これはレジで考えるとよいのですが、販売の行動を二つの行動に分けます。「レジを通る行動」と、「レジに商品を打つ」行動です。

1回の買い物でレジを通るのは、1回です。レジに打ち込むのは1商品ごと1回の買い物で複数回打ち込むのです。

この**行動ごと表を分けるのが、一覧表管理の基本**です。

この場合は、販売一覧表と販売商品一覧表です。ただ分けてしまうとそれぞれの商品がいつ、だれが販売したかわからなくなるので、結びつけるものが必要です。それが**管理番号**です。この場合では、販売一覧表に販売番号を順番に付けます。その販売番号に対応する販売商品一覧表の販売したものに結び付けます。

▲	A	B	C	D	E	F	G	H
1	販売番号	売上日	販売先		販売番号	商品名	数量	単価
2	1	2月17日	B社		1	PC	5	200,000
3	2	3月10日	C社		1	マウス	5	1,000
4	3	3月26日	A社		2	サイネージ	1	1,000,000
5	4	4月14日	B社		2	プログラム	1	1,500,000
6					3	タブレット	350	100,000
7					3	電子カルテ	1	6,700,000

人間にはわかりにくいのですが、Excelにとってはこの方が記録しやすくなります。「**お客様に販売する**」「**お客様の商品を登録する**」という二つの行動の**組み合わせでそれぞれの表を作成して販売を管理する**、ということを覚えておいてください。

一覧表のルール ▼

一覧表にはルールがあります。

Excelにはセルがあり、どこにでもどのようにでも入力することもできます。

しかし、**データを貯めておく一覧表では、そのルールを守らないと、想定外にデータを消したり、どのデータがどのデータかわからなくなったり**といったことが起きています。

そのようなことがないように、一覧表を作成するときにはルールがあります。

1. 1行目には列ごとの項目名を記載する
2. 1件のデータは1行に入れる
3. 1項目は1列で管理する

	A	B	C	D
1	案件番号	案件名	取引先	開始日
2	1	辰島邸新築工事	辰島様	2019/12/29
3	2	亥丘邸リフォーム	亥丘様	2020/1/4
4	3	辰丘町小学校工事	辰丘町	2020/1/3
5	4	牛島社社屋工事	牛島株式会社	2020/1/6
6	5	子池社社屋リフォーム	子池コーポレーション	2020/1/6
7	6	申山町小学校工事	申山町	2020/1/6
8	7	辰坂市市役所工事	辰坂市	2020/1/12
9	8	卯丘市公民館工事	卯丘市	2020/1/14
10	9	未山邸新築工事	未山様	2020/1/13
11	10	鳥山村小学校工事	鳥山村	2020/1/16
12	11	犬地村小学校工事	犬地村	2020/1/17
13	12	寅海社社屋リフォーム	寅海株式会社	2020/1/18
14	13	犬島町町役場工事	犬島町	2020/1/20
15	14	寅山町町役場工事	寅山町	2020/1/27

（吹き出し）1行目は項目名
（吹き出し）1件のデータは1行
（吹き出し）1列1項目

　こうすることにより、どのデータが何か一目でわかる一覧表になります。この形式になっていると Excel も、どのデータがどのデータと関連しているかを把握しやすくなります。

　この形式は昔からの一覧表を管理するためのノウハウが詰まった形式なのです。

　記録の方法で最も大事なのは、**1行に1件ごと入力し、その1行だけを見ても何かわかるようにすること**です。

1.2 ツールを作るときに使う Excelの便利機能

学習

Excelには、業務ツールを効率よく短時間に作成するための機能がたくさんあります。その中から特に使える機能を厳選して紹介します。

　短時間で業務ツールを作るにはできるだけ Excel にはじめから用意されている機能をふんだんに使います。

そのためにはExcelのすべての機能を網羅しておくだけではなく、それぞれがどんな実践に使えるのか、活用のパターンを何個も想定しておくという、時間も手間もかかる膨大なノウハウの蓄積が必要です。

しかし、今すぐに業務ツールを作って、目の前の課題を解決するには時間が足りません。そこで、私が実際に業務で使ってきた機能の中で、業務ツール作成で使える「これは使える！」という機能を厳選して紹介します。

本書では、それらの機能を使って「案件管理システム」を作っていきます。

スピル

今回作成する仕組みを簡単に作成できるようにしてくれたのが新しくExcelに搭載された「スピル」機能です。

スピルはMicrosoft 365、買い切り版のExcelであればExcel 2021からの機能です。

元来、Excelの計算式は一つのセルにだけ結果を出すものです。Excel誕生から30年間、ずっとそうでした。

しかし、**スピル機能では、一つの計算式で複数のセルに対して答えを出すことができる**ようになりました。

そのおかげで、フィルターや並べ替えが「Excelの関数」でできるようになり、**マクロやVBAでしか自動化できなかったことが、関数だけで実現する**ことができるようになりました。

次の例では左の表を元にしてフィルターをする「FILTER関数」で案件番号1のものだけ抜き出した計算式の例です。

このフィルターを関数できるようにするということは、30年前よりそうなればいいなと思われていたのですが、「一つの計算式は一つのセルにしか結果

を出せない」というルールがあるので無理だと思われていました。

やっと、スピル機能のおかげでできなかった効率的なシート作成ができるようになったのです。

再計算

Excelでセル《A1》に「100」と入力されていてセル《B1》に「=A1*10」と入力されていたら、セル《B1》には100 × 10の答え、「1000」が表示されます。このときに、セル《A1》に「45」と入力したら、計算式を作り直さなくても、セル《A1》の入力値を変更した直後に自動的にセル《B1》は「450」に変わります。このように元のセル値を変更すると計算式が入っているセルが自動で計算されることを再計算と言い、Excelの基本の機能ではありますがExcelの最も素晴らしい機能です。

これから作成する仕組みでも数多く使われている機能です。

再計算ができる計算式が入っている先月の請求する一覧表の「ひな型」を作り、先月のデータを消して、そこに**今月のデータをコピーして貼り付けすれば再計算されてすぐに今月の請求一覧表が作成**できるのです。

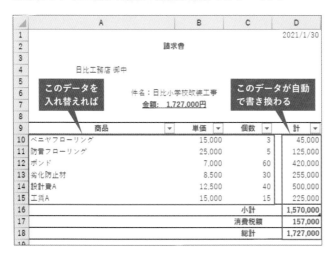

この機能を使えばExcelで書類を作成する処理を効率化できるのです。

そのためには、データを入れ替えたときに、もし空白だったり、エラーだったりしたときにもきちんと表示される計算式や関数の知識が必要になります。その知識はもう少し後で実際の操作を通して詳しく解説します。

テーブル機能

今回作成する仕組みで、一番、効果を発揮してくれるのが、「テーブル」機能です。

	A	B	C	D	E	F	G
1	通し番号	日付	案件番号	商品	個数	単価	計
2	-1	1900/1/0	0	技術料A	300	5000	1500000
3	-1	1900/1/0	0	技術料A	200	5000	1000000
4	1	2023/5/26	1	医療支援システム	1	2500000	2500000
5	2	2023/5/26	1	タッチペン	3	15000	45000
6	3	2023/5/26	1	技術料A	50	5000	250000
7	1	2023/5/26	2	技術料A	120	5000	600000
8	2	2023/5/26	3	技術料B	300	7500	2250000
9	3	2023/5/26	4	技術料C	350	10000	3500000
10	4	2023/5/26	5	技術料B	450	7500	3375000

セル範囲に入力された一覧表の範囲をテーブルに変換することで、それまではただのセルの集まりだったものを、きちんと一覧表としてExcelが認識します。ちょっと極端な言い方ですが、テーブルに設定することで、Excelがその一覧表が何の一覧表か、どの列がどの項目か、わかってくれます。

これにより計算式を作成する際に、このテーブルのあの項目、という指定ができ、計算式をとてもシンプルに作成できるようになります。これで作成する時間が大幅に削減できます。

また見た目もきれいにできますし、さまざまな便利な機能を一覧表に設定してくれます。

テーブルは一つのシートに何個でも作成することができますが、データをテーブル同士にデータを追加していってセル上でぶつかるとエラーになります。**一つのシートに一つのテーブルで作成**します。

関数

Excelの計算式では、関数を使うことで複雑な計算を簡単に行うことができます。簡単な例では《A1からA10》までのセル範囲の合計値を求める場合、Excel関数を使わずに計算するときは、「=A1+A2+A3+A4+A5+A6+A7+A8+A9+A10」という面倒な流れで計算することになりますが、Excel関数では「=SUM(A1:A10)」という計算式でセルの範囲として指定すれば済みますので、とても簡単に計算することができます。

いつも**関数を使うときに考えてほしいのは、極端な例を想定**してほしいのです。《A1からA10》までのセル範囲では10個のセルだけなのでなんとか計算式を作成できますが、それが「100,000個のセルの合計だったら」、というように、極端な例で考えると、便利さがわかります。

　また、関数は計算式ですので、元の値が変更されたら再計算されるので、計算結果も自動で変わります。

　この関数を使うことで複雑な計算式を作成することなく、効率よく仕組みを構築していけます。

　下の例では、「商品一覧」テーブルの中から「商品」を調べ、その「単価」を調べる計算式を「VLOOKUP関数」で求めています。このように表のデータの情報を別の表に結合することも、複雑なプログラムを作るようなことなく、関数でできるのです。

A	B	C	D	E	F	G	H
日付	案件番号	商品	単価	個数		商品 ▼	単価 ▼
1月10日	1	ウォルナットフローリング	=VLOOKUP(C2,商品,2,FALSE)			ウォルナットフローリング	21000
1月10日	1	工賃A		23		ナラ材フローリング	23000
1月12日	2	ウォルナットフローリング		35		工賃A	15000
1月12日	2	ナラ材フローリング		9		工賃B	10000
1月12日	2	工賃A		6			
1月15日	3	ウォルナットフローリング		44			
1月15日	3	工賃B		17			

マクロ ▼

　マクロは複数の機能をひとまとめにし、1回の操作だけで全部の処理を自動で順番に行ってくれる機能全般のことを指します。

　下のような入力の画面で、案件名と取引先を入力し案件登録ボタンをクリックすると、案件一覧表にこのデータを書き込み、次の入力のために、この画面の案件名と取引先をクリアして次の入力に備える、という**複数の操作を1クリックで動作**するようにできるのです。

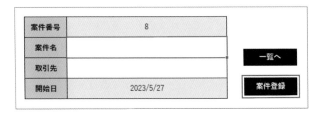

案件番号	8
案件名	
取引先	
開始日	2023/5/27

一覧へ

案件登録

マクロの記録

　「マクロの記録」機能は、人間が行ったExcelの操作をExcelの中にマクロとして記録してくれ、記録したものをその通りの順番で操作してくれる機能です。最も手軽な自動化の方法と言えます。

　便利な機能である一方で、注意したいのは、手作業で間違ってクリックした操作も記録するので、**記録は慎重に行う**必要があります。スクロールのようなExcelのデータには直接関係のない操作も記録されます。

　マクロの記録では、絶対にできないことが繰り返し処理と条件分岐処理です。 別々の請求先に請求書をそれぞれ作成するのは請求書作成の処理を繰り返し処理します。もし請求書を作成したときにその請求先に請求するものがなければ請求をせず、印刷せずに閉じるといったときは条件分岐処理をします。このようなことがマクロの記録ではできません。

　マクロの記録は【表示】タブの【マクロ】の中の【マクロの記録】から行います。

VBA

　「VBA」はExcelを自動化するプログラムで、作成したものはマクロと同じように呼び出すことができる自動化の要ともいえる機能です。

　マクロの記録では繰り返し処理や、条件ごとに動作を変えるということを記録することはできませんので、そのような処理をする場合、**VBAでプログラム**することになります。

　「VBE」(Visual Basic Editor)はVBAを作成したり編集したりするウィンドウで、これを使って「モジュール」と呼ばれるVBAを書き込む領域にVBAのプ

ログラムを入力し、作成します。

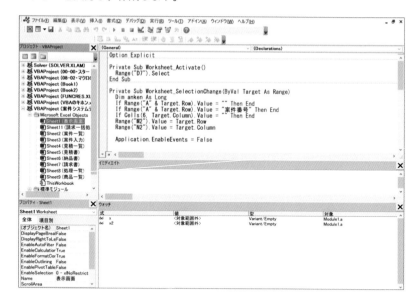

　VBAの難点として、例えば本書に掲載しているVBAを入力した際に、同じ
ように入力したとしても、文字の抜け、誤入力、その他の要因で動作しなかっ
たり、エラーが出たりして、どう修正すればいいかわからない、ということが
起きます。一回でもそういうエラーが出てしまうと、操作するのが怖くなって
しまうのは初心者ならあるでしょう。間違えるのは初心者では仕方ないことな
ので、怖がらずに入力をしてほしいのですが、もし、そのようなハードルを感
じるのであれば、VBAというシートにコピーして貼り付けできるものを用意
しているので使ってください。

　本来、VBAはマクロの一種です。厳密にはExcelには「Excel4.0マクロ」とい
う古くからのマクロが搭載されていますし、最新のExcelでは「Office Script」
と呼ばれるプログラム言語も扱えます。特殊な方法であれば他の「Python」と
いうプログラム言語を使うこともできます。実は「マクロの記録」で記録された
ものの正体はVBAです。正確にはそれらを含めて、Excelの複数の機能が動作
するように作成されたものを「マクロ」と呼びます。

　本書では、便宜的に「マクロの記録」で作成されたものを「マクロ」、VBEを
使って入力されたものを「VBA」と表します。

1.3 本書で作る業務ツール

学習

本書で作成する仕組みの完成形を見てみましょう。どんな操作をすると
どんな動きをするのか、作成前にイメージをつかみましょう。

今回作成する仕組みは「販売管理システム」で、次のようなものです。

まずこれが「メイン画面」で、初めに表示されている画面です。この画面の左
上にある案件登録の四角形をクリックします❶。

そうすると「案件入力」の画面が表示されます。案件のタイトルである「案件
名」と「取引先」を入力し❶、「案件登録」ボタンをクリックします❷。

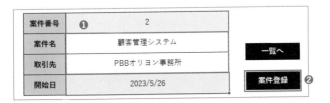

するとメイン画面に戻り、今登録された案件が追加されます。入力されてい
る案件の「見積日」をクリックします❶。

見積を入力できる「見積書」の画面が表示されるので、案件の「商品」と「個数」を入力し❶、「見積登録」ボタンをクリックします❷。

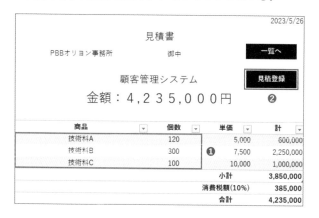

そうすると見積書の「PDFファイル」が作成されます。

また、メイン画面に戻ります。見積日と金額に値が入力されています。

このようにして、メイン画面の「見積」「注文」「納品」「請求」「入金」をクリックすると、それぞれの処理が実行され、その登録日が表示されます❶。

「月次請求」ボタンをクリックすると❶、指定した月に納品した案件の請求を一気に行えます。

案件番号	案件名	取引先	開始日	金額	見積日	注文日	納品日	請求日	入金日	状態
2	顧客管理システム	PBBオリヨン事務所	5月26日	600,000	5月26日	5月26日				納品前
3	業務管理システム	EF株式会社	5月26日	2,250,000	5月26日	5月26日				納品前
4	営業管理システム	辰真工務店	5月26日	3,500,000	5月26日	5月26日				納品前
5	動画配信システム	JKL電子産業	5月26日	3,375,000	5月26日	5月26日				納品前

「月次請求」の入力画面です。「年」と「月」を指定し❶、「月次請求開始」ボタンをクリックすると❷、その月の請求作業を次々と行います。

　以上のような仕組みを作成します。

　少し難しそうに見えるかもしれませんが、Excelの今まであまり活用されていない機能を見直し、また新しい機能を使うことで簡単に作成できます。
このような仕組みを作るうえで必要な「一覧表」と「操作画面」を紹介していきます。今回、その一覧表と操作画面はあらかじめ基本的な部分だけ作成してあります。本来はそれらをゼロから考え、作ることになります。しかし、そのためにはコツが必要です。これから紹介する一覧表と操作画面とその解説を読みながら、ただ読むのではなく、なぜそのような画面にするのかをじっくりと考えてみてください。

▷ なぜExcelなのか

なぜ業務効率化にExcelが適していると言われるのでしょうか。Excelは多くの機能があらかじめ組み込まれているため、作業に必要な機能を容易に利用することができます。他の方法では、それぞれの機能をプログラムで開発したり、データベースソフトを使用したりする必要がありますが、Excelではそれらの機能がすでに搭載されています。

Excelは「セル」という表示方法があります。このセルを利用することで、データの整理や計算を簡単に行うことができます。また、計算式を作成すれば、自動的に計算結果が表示されます。このため、作業効率を高めることができます。

さらに、Excelは使いやすい操作方法を持っています。特に、表形式のデータや数値の管理に優れており、データの入力や修正が容易です。そのため、業務のさまざまな側面で利用することができます。私自身は東日本大震災のときに一刻も早くデータを整理しなければなりませんでした。その経験から、Excelの利便性と効果を実感しました。リスト管理などの業務を効率的に行うためにExcelを活用しました。この経験から、Excelの利点と効率化の重要性を認識し、短時間で業務を進めるためにExcelを積極的に活用しています。

Excelは既存の機能を活用し、作業効率を高めることができる優れたツールです。特に表形式のデータや計算を行う場合には、Excelの利用が非常に便利です。

第 2 章

テーブルの設定

2.1 テーブルとは

本書で業務に使う一覧表はすべて「テーブル」にします。それはどんな
メリットはあるのか、テーブルにはどんな機能があるのかをまずは解
説します。この章の後半では、実際にテーブル操作を行っていきます。

「テーブル」は、Excelで一覧表を管理する重要な機能です。ただのセル範囲にデータを入力しているのと、テーブルに入力しているのとでは使いやすさが全く違います。本書では、一覧表となるデータはすべてテーブルにしています。

セルの範囲を一覧表として扱うために、そのセル範囲にテーブルを設定します。テーブルには任意の「名前」を設定することができ、その名前を使って選択したり計算式を作成したりという操作が簡単にできるようになります。大きな範囲の選択や並べ替えやフィルターなども右クリックから簡単に選択できるようになります。

どうしてそれほど簡単になることが必要なのでしょう。テーブルに設定しなくても普通のセルのまま操作することはできます。Excelの機能を使うことで人間にとって簡単に操作ができるようになるということは、それを自動化する仕組みも簡単に作成できることにつながります。Excelでのツール作成のメリットはツール作成時間の短さにありますが、**テーブル機能を設定するひと手間だけで、その後の自動化する作業が楽になり**、作成時間の短縮が期待できます。もちろん自動化する前に手動で操作することを考えても、テーブルを設定することで倍以上の効率化ができます。

まずはテーブルについてどんなことができるのか学んでいきましょう。

テーブルそれぞれの名称と役割

テーブルは、一覧表のルール通りに作成されることが前提です。

1行目は項目名がそれぞれ入力されている、1件1行のデータで構成されている、1列1項目で入力されているという以下のような表でなければいけません。

各部の名称と役割は次の通りです。

①テーブル全体：テーブルのすべての範囲を示します。

	A	B	C	D
1	販売日 ▼	商品 ▼	個数 ▼	単価 ▼
2	8月10日	自動販売システム	1	1800000
3	8月10日	技術料A	20	5000
4	8月15日	技術料C	30	10000
5	8月15日	高性能サーバー	1	1000000
6	8月20日	技術料A	15	5000
7	8月20日	技術料B	20	7500
8	8月20日	技術料C	10	10000

②テーブルのデータ：テーブルの項目名以外の範囲を表します。データが入力されている範囲です。**Excelの場合、「テーブル」というとテーブル全体ではなく、このテーブルデータを指します。**

	A	B	C	D
1	販売日 ▼	商品 ▼	個数 ▼	単価 ▼
2	8月10日	自動販売システム	1	1800000
3	8月10日	技術料A	20	5000
4	8月15日	技術料C	30	10000
5	8月15日	高性能サーバー	1	1000000
6	8月20日	技術料A	15	5000
7	8月20日	技術料B	20	7500
8	8月20日	技術料C	10	10000

③テーブルの項目行：テーブル全体の1行目には必ずその列が何を表しているかの項目名が入力されており、その列は何の項目かわかりやすくなると同時に、Excelもただのシート上の列ではなく、何の項目の列なのかがわかるようになっています。テーブルの項目行には、下向き三角が表示されており、それをクリッ

第2章

テーブルの設定

クすることで並べ替えやフィルターといった機能を操作することができます。

	A	B	C	D
1	販売日 ▼	商品 ▼	個数 ▼	単価 ▼
2	8月10日	自動販売システム	1	1800000
3	8月10日	技術料A	20	5000
4	8月15日	技術料C	30	10000
5	8月15日	高性能サーバー	1	1000000
6	8月20日	技術料A	15	5000
7	8月20日	技術料B	20	7500
8	8月20日	技術料C	10	10000

④**テーブルの項目**：テーブルの1項目ごとのデータをテーブルの項目と呼びます。この図で囲んだ箇所は「商品」の項目データで、テーブルでは「『商品』の項目」というと項目行は含めません。

	A	B	C	D
1	販売日 ▼	商品 ▼	個数 ▼	単価 ▼
2	8月10日	自動販売システム	1	1800000
3	8月10日	技術料A	20	5000
4	8月15日	技術料C	30	10000
5	8月15日	高性能サーバー	1	1000000
6	8月20日	技術料A	15	5000
7	8月20日	技術料B	20	7500
8	8月20日	技術料C	10	10000

⑤**テーブルの行**：テーブルのデータのうち、1行1行のデータを「テーブルの行」と呼びます。この図では上から四つ目の「商品名」が「高性能サーバー」の行を指します。

	A	B	C	D
1	販売日 ▼	商品 ▼	個数 ▼	単価 ▼
2	8月10日	自動販売システム	1	1800000
3	8月10日	技術料A	20	5000
4	8月15日	技術料C	30	10000
5	8月15日	高性能サーバー	1	1000000
6	8月20日	技術料A	15	5000
7	8月20日	技術料B	20	7500
8	8月20日	技術料C	10	10000

⑥**テーブルの集計行**：テーブルの下には集計行という、各項目の合計や平均を集計する行をオプションで表示することができます。それが「集計行」です。今回の仕組みでも、見積書などの書類において、売上金額の合計を求めるのにこの集計行を使います。

7	8月20日 技術料B		20	7500
8	8月20日 技術料C		10	10000
9	**集計**	**7**	**97**	
10				

綺麗な配色でレイアウトされる

　次に、セル範囲にテーブルを設定することでできる便利な機能を見てみましょう。

　テーブルをセル範囲に設定すればその範囲が表として色がつきます。1行目の表題が目立つ形に、1行ごとに交互にセルの塗りつぶしの色が変わるように設定されます。

　この色の設定は後からでも変更ができます。用途によって色分けしておけばわかりやすいでしょう。

	A	B
1	商品	金額
2	POS管理システム	1,500,000
3	医療支援システム	2,500,000
4	営業支援システム	1,400,000
5	自動販売システム	1,800,000
6	大型ディスプレイ	280,000
7	タッチペン	15,000
8	マウス	5,000
9	トラックボール	15,000
10	バーコードスキャナ	20,000
11	音声入力端末	50,000
12	タブレット端末	70,000
13	クライアント	120,000
14	POSレジ	80,000

第2章 テーブルの設定

フィルターと並べ替え

テーブルに設定すると項目名に下向き三角が表示され、それをクリックすることで表示したいデータだけを表示することができる「フィルター」が設定されます。

文字データには「テキストフィルター」、数値データには「数値フィルター」、日付には「日付フィルター」が設定でき、細かい条件で抽出することができます。

また、フィルターの下向き三角の中では、「並べ替え」を「昇順」または「降順」で簡単に行うことができます。

項目名がわかりやすくなる

たくさんの行が入力されている表で、縦方向にスクロールすると1行目にある項目名のセルが見えなくなり、どの列がどの項目かわからなくなります。いつもは列見出しが「A」「B」「C」という「列番号」で表示されます。テーブルが設定されていると、列番号ではなく、一覧表の先頭行のセルに入力されている項

目名になります。

	商品	金額
7	タッチペン	15,000
8	マウス	5,000
9	トラックボール	15,000
10	バーコードスキャナ	20,000
11	音声入力端末	50,000
12	タブレット端末	70,000
13	クライアント	120,000
14	POSレジ	80,000
15	ネットワークHDD	150,000

縦に大きな表は、その項目のデータが入っているすべてのセル範囲を選択するのにドラッグするのが大変です。テーブルでは、項目名になった列見出しをクリックするだけで、その列のデータのセル範囲のみが選択され、大きな範囲でもスクロールして選択する必要がなくなります。このとき選択されるのはあくまでデータのみで、先頭の項目名が入力されているセルやテーブルの下にあるテーブル外の空白行は選択されません。

テーブルに設定していないセルで列見出しをクリックすると、そのデータ範囲だけではなく1行目からExcelの最大行数の1,048,576行目まで列を丸ごと選んでしまいますが、この方法であればデータが入力されている範囲のみが選択されます。

	商品	金額
14	POSレジ	80,000
15	ネットワークHDD	150,000
16	バックアップHDD	100,000
17	サーバー	800,000
18	高性能サーバー	1,000,000
19	技術料A	5,000
20	技術料B	7,500
21	技術料C	10,000

また、**テーブルの範囲を使った計算式でも、テーブル名や項目名を指定した数式にできるので、セル参照になっている数式よりもわかりやすい数式**になります。

テーブル「tbl見積」という名前のテーブルの項目「個数」のデータ範囲を合計するのに「=SUM(」と入力して、個数のデータが入力されている範囲を選択すると「=SUM(tbl見積[個数])」のような文字が入ります。

	個数 ▼	単価 ▼	計 ▼		
	10	50,000	500,000		#CALC!
	11	70,000	770,000		
	12	120,000	1,440,000		
	13	80,000	1,040,000		
	14	150,000	2,100,000		
	15	100,000	1,500,000		
	16	800,000	12,800,000		
	17	1,000,000	17,000,000		=SUM(tbl見積[個数])
	18	5,000	90,000		SUM(数値1, [数値2], ...)
	19	7,500	142,500		
	20	10,000	200,000		

この計算式を作成した後に、テーブルの次の行に個数のデータを追加したり、または削除したりして、**表の行数が変わったとしても、自動的にテーブルとして参照されている範囲の大きさも変わる**ので、計算式を作り直す必要がありません。

列の追加

テーブルの最右列の右のセルにデータを追加すると、テーブルの項目として新たな項目が追加されます。1行目に入力された内容がその項目名になります。

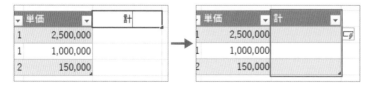

2行目以降にデータや計算式を入力した後に1行目に項目名を入力することもできますが、混乱しないように1行目には初めの段階で項目名を入力しましょう。

データの追加と計算式や書式の自動設定

　テーブルの最終行の次の行にデータを入力すると、自動的にテーブルのセル範囲が広がります。書式や計算式も、上のセルに入力されているものと同じものを設定してくれます。

商品	個数	単価	計
医療支援システム	1	2,500,000	2,500,000
高性能サーバー	1	1,000,000	1,000,000
ネットワークHDD	2	150,000	300,000
技術料A			

商品	個数	単価	計
医療支援システム	1	2,500,000	2,500,000
高性能サーバー	1	1,000,000	1,000,000
ネットワークHDD	2	150,000	300,000
技術料A		5,000	0

　普通のセル範囲であれば、一つデータを追加したら、書式や計算式を上の行からコピーする必要がありますが、**テーブルに設定していれば、書式や設定、計算式のコピーが自動で上の行から行われます**。

計算式の変更

　普通のセルであれば、ある列の計算式が間違っていて、それを修正する場合、一つのセルを修正した後にその列にコピーしなければなりませんでしたが、**テーブルではその列の一つの計算式を変更するとその列全体の計算式が変更になる**ので、修正した後にコピーをし忘れるといったことがありません。

第2章

テーブルの設定

個数	単価	計	
1	2,500,000	=[@個数]*[@単価]*110%	
1	1,000,000	100,000	
2	150,000	30,000	
8	5,000	4,000	

個数	単価	計	
1	2,500,000	2,750,000	
1	1,000,000	1,100,000	
2	150,000	330,000	
8	5,000	44,000	

右クリックで簡単操作

Excelの基本操作で、右クリックすると、その右クリックしたところでできること一覧が表示され、その中から操作したいことを選ぶということができるという便利な使い方があります。「ショートカットメニュー」や「右クリックメニュー」と呼ばれています。

テーブルでもテーブル独自のショートカットメニューがあります。

普通のセルであれば大きな範囲をドラッグするような、テーブル全体、列全体、行全体を選択するというような操作や、行単位で挿入、削除をすることなどが右クリック操作で呼び出すことができます。

作成する「案件管理システム」では「見積書」に登録するデータにテーブルを設定し、この機能により商品の追加や削除を行います。

	商品	金額
1	商品 ▼	金額 ▼
2	POS管理システム	1,500,000
3	医療支援システム	2,500,000
4	営業支援システム	1,400,000
5	自動販売システム	1,800,000
6	大型ディスプレイ	280,000
7	タッチペン	15,000
8	マウス	5,000
9	トラックボール	15,000
10	バーコードスキャナ	20,000
11	音声入力端末	50,000
12	タブレット端末	70,000
13	クライアント	120,000
14	POSレジ	80,000
15	ネットワークHDD	150,000
16	バックアップHDD	100,000
17	サーバー	800,000

2.2 テーブルを扱ううえでの注意点

学習

> テーブル機能には注意しなければいけない点があります。実際にテーブルを扱う前に把握しておきましょう。

テーブルはとても便利な機能ですが、その便利さを生かすために注意したい点があります。テーブル機能を設定する範囲は、いわゆる「データベース形式」である必要があります。そのためには以下の点に注意します。

テーブルには名前を付ける

テーブルに「名前」を付けることができます。名前を付けていないと「テーブル1」のような名前になり、何のテーブルかわかりません。「tbl商品」のように、何のテーブルかわかるようにしましょう。「tbl」は英語表記の「テーブル」の略です。

1行目は必ず項目名

1行目は必ず項目名でなければなりません。1行目には項目名を設定してください。項目名に空欄や同じ項目名があってもいけません。

空欄データをつくらない

以下のようなテーブルは、人間が見れば「音声入力端末」から「クライアント」までが「8月1日」で案件番号「1」だとわかります。しかし、Excelはそう判断せず、「タブレット端末」と「クライアント」は「日付なし」、案件番号「なし」と判断します。本来なら、空欄になるセルはほとんどありません。見てわかりそうな場合でも空欄にはデータを入力し、**本当にそこにデータがないセルのみ空欄**にしま

す。

日付 ▾	案件番号 ▾	商品 ▾	個数 ▾
2023/8/1	1	音声入力端末	10
		タブレット端末	11
		クライアント	12
2023/8/2	2	POSレジ	13
		ネットワークHDD	14
		バックアップHDD	15
		サーバー	16
2023/8/3	3	高性能サーバー	17
		技術料A	18
		技術料B	19
		技術料C	20

セル結合はできない

テーブルに設定している範囲は「セル結合」ができません。

結合されているセル範囲を含む範囲をテーブルに設定しようとするとエラーになります。

削除に注意

テーブルを右クリックすれば列全体、行全体の削除ができます。しかし、1セルだけを削除して上に詰めるといったことはできません。あくまで1行に入っているデータがワンセットで管理されます。

列の削除をすると1列すべてのデータや計算式、書式設定が削除されてしまうので、危険な操作です。間違って挿入した以外の列の削除は行わないようにしましょう。

2.3 テーブルの設定方法

【テーブルとして書式設定】でセルの範囲にテーブルに設定する方法を把握しましょう。

　テーブルにしたい一覧表の中のセルをクリックして❶、【ホーム】タブの【スタイル】の中の【テーブルとして書式設定】をクリックし❷、任意の配色を選びます❸。

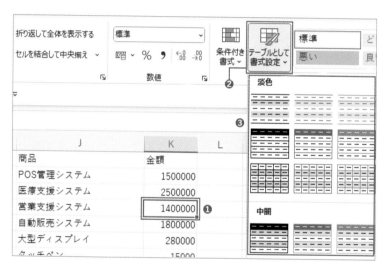

　表示されたウィンドウの【先頭行をテーブルの見出しとして設定する】のチェックを入れて❶、【OK】ボタンをクリックします❷。

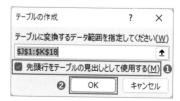

【先頭行をテーブルの見出しとして設定する】をチェックすると、指定したセル範囲の先頭行が項目を表すタイトル行になります。

テーブルが設定されると一覧表の範囲がカラフルになり、1行目に下向き三角のフィルターボタンが表示されます。

商品	金額
POS管理システム	1500000
医療支援システム	2500000
営業支援システム	1400000
自動販売システム	1800000
大型ディスプレイ	280000

Tips

テーブルの設定をする方法はほかにもあります。テーブルにしたい一覧の中のセルをクリックした後に、ショートカットキーを使ってCtrlキーを押したままTのキーを押すだけでもテーブルの設定ができます。この場合の配色は青系の「青,テーブルスタイル(中間)2」というスタイルになります。

2.4 テーブルの設定を変更する

学習

テーブルの設定を変更し、テーブルに名前を付けます。テーブルの詳細な設定の変更を行うには【テーブルデザイン】タブを使います。

テーブルに設定したセルをクリックすると、リボンに【テーブルデザイン】タブが現れます。

テーブルの設定はすべてここから行います。

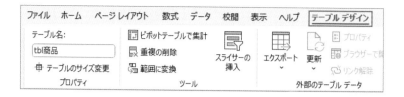

【テーブルデザイン】タブはテーブルが選択されていないと表示されないので注意が必要です。

テーブルの名前を変更するには、テーブルを設定した後に、【テーブルデザイン】タブの【テーブル名】にテーブル名を設定します。

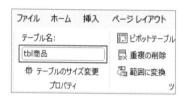

【名前ボックス】の下向き三角をクリックすると、設定した名前が出てくるのでクリックします。するとテーブルの1行目の項目名以外のデータ範囲が選択できます。別のシートを見ている状態でこの操作をしても、そのテーブルのあるシートに移動してテーブルが選択されるので、テーブルの選択が楽になります。

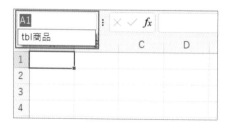

2.5 テーブルの設定の解除

[
テーブルは【テーブルデザイン】タブからの操作で設定を解除して、普通のセル範囲に戻すことができます。
]

テーブルは便利な機能なのですが、セル結合などの設定や、一つのセルの挿入などができません。もしそのような操作が必要になったら、テーブルの設定を解除しセル範囲に戻します。

テーブルに設定した範囲を解除するには、【テーブルデザイン】タブの【範囲に変換】を使います。範囲に変換しても配色や罫線のスタイルはテーブルの設定のまま変わりません。

解除するとテーブルに設定していた時のテーブル名などが使えなくなり、影響が大きいので解除する前によく確認してから解除しましょう。

2.6 一覧表にテーブルを設定する

サンプル　start.xlsx

┤操作├

ここまで学習してきたことを踏まえて、「案件登録システム」で使う
テーブルを設定していきます。普通のセルだった一覧表がテーブルに
なると便利になることを、操作を通して体験しましょう。

《案件一覧》テーブルの設定

ではいよいよ操作のスタートです。

まず、設定に入る前にサンプルファイル「start.xlsx」を開き、「案件管理」と
いうファイル名を付けて保存しましょう。

キーボードで F12 キーを押します❶。

【名前を付けて保存】のダイアログボックスが表示されるので、保存場所(「ド
キュメント」が適切です)を指定し❷、ファイル名に「案件管理」と入力し❸、【保
存】ボタンをクリックします❹。

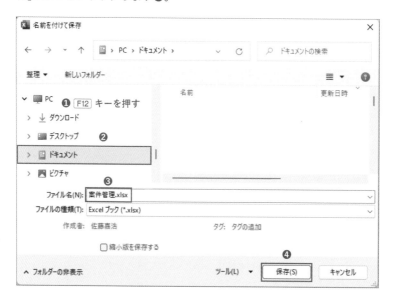

では、次の手順で《案件一覧》シートの一覧表範囲にテーブル「tbl案件」という名前でテーブルを設定します。

《案件一覧》シートの一覧表の一部、今回はセル《A1》をクリックします❶。

	A	B	C
1	案件番号 ❶	案件名	取引先
2	1	POSレジシステム	株式会社A販
3	2	医療支援システム	医療法人BCD
4	3	業務管理システム	EF株式会社

【ホーム】タブの【テーブルとして書式設定】をクリックして❶、一番左上の【白、テーブルスタイル(淡色) 1】をクリックします❷。

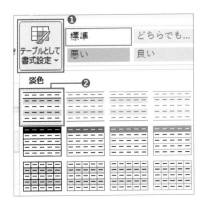

【テーブルの作成】のダイアログボックスが表示されます。テーブルにするセル範囲として《A1からD4》のセル範囲が設定されていることを確認します❶。【先頭行をテーブルの見出しとして使用する】のチェックを入れ❷、【OK】ボタンをクリックします❸。

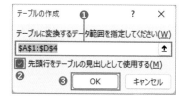

一覧表にテーブルが設定されます。

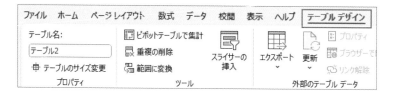

　設定されたテーブルのいずれかのセルをクリックすると、リボンに【テーブルデザイン】タブが表示されます。

　その中の【テーブル名】に「tbl案件」と入力し❶、Enter キーを押します❷。

　これで、《案件一覧》シートの一覧表範囲にテーブル「tbl案件」という名前のテーブルを設定することができました。

▼動作確認

セル《A5》に「4」と入力し確定すると、5行目までテーブルの範囲が広がることを確認します。

	A	B	C	D
1	案件番号 ▾	案件名 ▾	取引先 ▾	開始日 ▾
2	1	POSレジシステム	株式会社A販	2023/7/15
3	2	医療支援システム	医療法人BCD	2023/7/22
4	3	業務管理システム	EF株式会社	2023/7/23
5	4			
6				

そのままセル《B5》に「営業管理システム」、セル《C5》に「辰寅工務店」、セル《D5》に「2023/7/30」と入力して全て入力されることを確認します。

	A	B	C	D
1	案件番号 ▾	案件名 ▾	取引先 ▾	開始日 ▾
2	1	POSレジシステム	株式会社A販	2023/7/15
3	2	医療支援システム	医療法人BCD	2023/7/22
4	3	業務管理システム	EF株式会社	2023/7/23
5	4	営業管理システム	辰寅工務店	2023/7/30

いったん《メイン画面》シートを選択して、【名前ボックス】の下向き三角をクリックしテーブル「tbl案件」をクリックし《案件一覧》シートの《A2からD5》のセル範囲が選択されることを確認します。

2.7 各テーブルの設定

サンプル　before2-7.xlsx

操作

テーブル《tbl案件》を設定した操作と同様に、《見積一覧》シート、《処理一覧》シート、《商品一覧》シート、《見積書》シートの各シートにもテーブルを設定します。

1.《見積一覧》テーブルの設定

47ページと同様の手順で《見積一覧》シートの《A1からE10》のセル範囲の一覧表にも、【白、テーブルスタイル（淡色）1】の色で、「tbl見積」という名前のテーブルを設定しましょう。

▼ 動作確認

セル《A11》に「10」と入力し確定し、11行目までテーブルの範囲が広がる
ことを確認します。

	A	B	C	D	E
1	通し番号 ▼	日付 ▼	案件番号 ▼	商品 ▼	個数 ▼
2	1	2023/8/1	2	医療支援システム	1
3	2	2023/8/1	2	POSレジ	1
4	3	2023/8/1	2	ネットワークHDD	1
5	4	2023/8/1	2	バックアップHDD	1
6	5	2023/8/1	2	サーバー	1
7	6	2023/8/1	2	高性能サーバー	1
8	7	2023/8/1	2	技術料A	20
9	8	2023/8/1	2	技術料B	30
10	9	2023/8/1	2	技術料C	20
11	10				

2.7 各テーブルの設定 | **051**

そのままセル《B11》に「2023/8/1」、セル《C11》に「2」、セル《D11》に「マウス」、セル《E11》に「3」と入力して全て入力されることを確認します。

	A 通し番号	B 日付	C 案件番号	D 商品	E 個数
1	通し番号	日付	案件番号	商品	個数
2	1	2023/8/1	2	医療支援システム	1
3	2	2023/8/1	2	POSレジ	1
4	3	2023/8/1	2	ネットワークHDD	1
5	4	2023/8/1	2	バックアップHDD	1
6	5	2023/8/1	2	サーバー	1
7	6	2023/8/1	2	高性能サーバー	1
8	7	2023/8/1	2	技術料A	20
9	8	2023/8/1	2	技術料B	30
10	9	2023/8/1	2	技術料C	20
11	10	2023/8/1	2	マウス	3

いったん《メイン画面》シートを選択して、【名前ボックス】の下向き三角をクリックしテーブル「tbl見積」をクリックすると、《見積一覧》シートの《A2からE11》のセル範囲が選択されることを確認します。

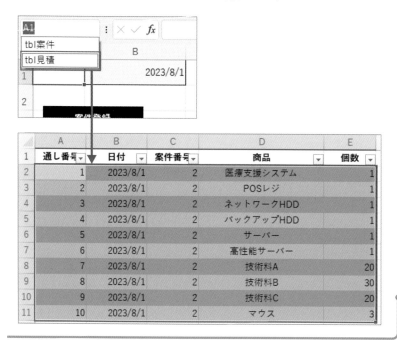

2.《処理一覧》テーブルの設定

47ページと同様の手順で《処理一覧》シートの《A1からC3》のセル範囲にも【白、テーブルスタイル（淡色）1】の色で、「tbl処理」という名前のテーブルを設定しましょう。

▼ 動作確認
セル《A4》に「2023/7/31」と入力し確定すると、4行目までテーブルの範囲が広がることを確認します。

	A	B	C
1	日付	案件番号	処理名
2	2023/7/31	2	注文
3	2023/7/31	2	納品
4	2023/7/31		

そのままセル《B4》に「2」、セル《C4》に「請求」と入力して全て入力されることを確認します。

いったん「メイン画面」シートを選択して、【名前ボックス】の下向き三角を
クリックし「tbl処理」をクリックすると、《処理一覧》シートの《A1からC4》
のセル範囲が選択されることを確認します。

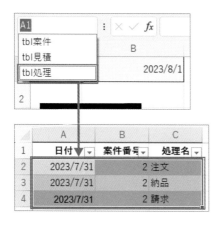

3.《商品一覧》テーブルの設定

47ページと同様の手順で《商品一覧》シートの《A1からB21》のセル範囲にも
【白、テーブルスタイル（淡色）1】の色で、「tbl商品」という名前のテーブルを
設定しましょう。

▼ 動作確認

セル《A22》に「出張費」と入力し確定すると、22行目までテーブルの範囲
が広がることを確認します。

16	バックアップHDD	100,000
17	サーバー	800,000
18	高性能サーバー	1,000,000
19	技術料A	5,000
20	技術料B	7,500
21	技術料C	10,000
22	出張費	
23		

そのままセル《B22》に「12000」と入力できることを確認します。

16	バックアップHDD	100,000
17	サーバー	800,000
18	高性能サーバー	1,000,000
19	技術料A	5,000
20	技術料B	7,500
21	技術料C	10,000
22	出張費	12,000

いったん《メイン画面》シートを選択して、【名前ボックス】の下向き三角を
クリックし「tbl処理」をクリックすると、《商品一覧》シートの《A1から
B22》のセル範囲が選択されることを確認します。

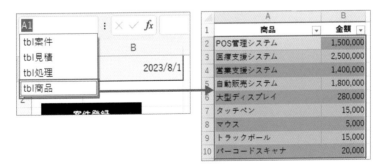

2.7　各テーブルの設定　　**055**

4.《見積書》テーブルの設定

一覧表ではありませんが、「見積書」にもテーブルを作成します。テーブル機能で、商品を入力する行の増減を簡単にできるようにすること、【集計行】を表示し、計の合計を求める行を追加するためです。

《見積書》シートのセル《A9からE15》までの一覧表に「tbl見積書」という名前のテーブルを設定します。色のスタイルは左上から右に5番目の【薄い黄,テーブルスタイル（淡色）5】にします。

POINT

テーブル範囲内に空白が多いので、はじめにクリックしておく選択セルによってはうまく設定することができない場合があります。セルの選択は、範囲の左上のデータが空欄ではないセル（ここでは《A9》）をクリックし設定を開始すれば間違いはありません。

セル《D16》に「出張費」と入力し確定すると、16行目までテーブルの範囲が広がることを確認します。

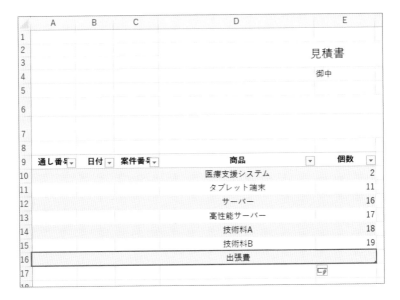

そのままセル《E16》に「2」と入力できることを確認します。

	案件番号	商品		個数
		医療支援システム		2
		タブレット端末		11
		サーバー		16
		高性能サーバー		17
		技術料A		18
		技術料B		19
		出張費		2

いったん《メイン画面》シートを選択して、【名前ボックス】の下向き三角をクリックし「テーブル「tbl商品」」をクリックすると、セル範囲《A2からE16》のセル範囲が選択されることを確認します。

第 3 章

計算式の知識

3.1 計算式の基本

それぞれのシートに計算式や関数を設定していきます。その前に、計算式と関数についての基本をおさらいしておきましょう。

「計算式」はセルに入力された元となるデータを計算し、その結果を求めるものです。

一回計算式を作成したら、元のデータを書き換えたら自動的に結果も変わる「再計算」が便利なので、**Excelでは計算できるものは数値を入力するのではなく、計算式で作成**するというのが自動化の基本です。

四則演算

計算式はセルに入力の先頭に「=」を入力すると、Excelはそのセルを計算式のセルとして扱い、計算を始めます。

「足し算」、「引き算」、「掛け算」、「割り算」は「四則演算」と呼びます。足し算と引き算は「+」と「-」で計算式を作成します。掛け算は「×」ではなく「*」、割り算は「÷」ではなく「/」で計算します。

セルを参照して計算する

Excelの計算式は、直接数値を指定する方法と、セル参照を指定する方法があります。そのどちらかだけ使って計算式を作っても、全部どちらかだけにすることもできます。

例えば、計算式内の値が全部数値の場合の「=5+5」と入力すれば10の答えが出ます。しかし、この計算式はどんな状態でも10を表示するので、「10」とセルに入力した場合と変わりません。Excelの計算式としてはあまり意味のない計算式です。

計算式内の値の指定が、セル参照と数値のどちらも使用している「=A1*0.1」の場合では、セル《A1》に0.1をかけた値を計算します。これは消費税10％の消費税額を求めるときに使う方法ですが、セル《A1》の値が変更されれば、この計算式の結果も変わります。例えば、セル《A1》の値が「1000」が入力されている場合は「100」ですが、「3000」が入力されたときには「300」という結果になります。

　両方ともセル参照の式もよく使われます。「=C2*D2」という式では、セル《C2》かセル《D2》の値が変更されると計算値が変わるようになります。よく「単価と数量」をかけ合わせてその金額の計を求める式で使われます。

文字列を計算する

　ここまでは数値の計算ですが、Excelは文字列を計算することもできます。文字列の計算というのは、「A」という文字と「B」という文字を組み合わせて「AB」という文字にする文字列をくっつける「文字列結合」という計算になります。文字と文字を結合するには、「&」記号を使います。

　セル《A1》の値とセル《B1》の値をくっつける場合は、「=A1&B1」という計算式になります。また計算式の中に文字の値を直接指定することもできます。例えばセル《A1》の数値の値と「学期」という文字を組み合わせて「1学期」のような文字になるような計算ができます。その場合はセル内で直接指定する文字列は「""」で囲まなくてはなりません。その計算式は「=A1&"学期"」です。

日時の扱い

　またExcelで扱える値に日時があります。実は**日時は「1900年1月1日」を「1日目」とした「日数」で管理**されています。「1900年1月1日」が「1」ならば「1900年1月10日」は「10」です。そこから数えて、「2009年7月6日」は「40000」です。「2023年8月1日」で「45139」となります。Excelで日付データを扱っていると「40000」を超えた数値になってしまうというのはこの原理が働いているからです。もしもこのように「40000」を超えた値になったときは「表示の形式」を「日付」に変更すれば日付に変わります。

　日付がこのような数値データになっているということは、今日の日付に「1」を足すと明日の日付を求めることができます。この日付の数値のことを「日付シリアル値」と呼びます。

3.2 関数

学習

> Excelの計算式で使う「関数」とはどのようなものか、どのように使う
> のかを把握します。

「関数」は、計算式の一種です。さまざまな計算方法を「言葉」にして求めやすくしているものです。Excelにはたくさんの関数がありますが、関数を使った計算式を作成するときに必要な情報は、日本語で表現できます。

- ・「合計」を求めるには、「範囲」という一つの要素の合計を求めます。
- ・「四捨五入」をするには、指定された「数値」の指定された「桁数」が表示される桁という二つの要素で四捨五入した数値を求めます。
- ・「順位」を求めるには、「調べたい数値」が、どの「範囲」の中で、「上から数えるか下から数えるか」という三つの要素で順位を求めます。

このように、**関数では、「関数の名前」とそれを「求めるのに必要な情報」がある**というのがポイントです。要は、**関数は日本語で考えるとわかりやすい**ということです。

関数の形式

すべての関数の形は「関数名（関数に必要な情報）」という形式です。

「関数に必要な情報」は、一つの場合も複数の場合もあります。複数の場合は指定する順番が決まっています。複数の情報の間は「,」で区切ります。この必要な情報一つ一つを「引数」と呼びます。

具体例は次のようになります。

＜合計を求める SUM 関数の場合＞

=SUM(A1:A10)

関数名	合計を求める範囲の引数

＜条件付き合計を求める SUMIF 関数の場合＞

=SUMIF(A1:A10,G1,C1:C10)

関数名	条件の引数	合計を求める範囲の引数

条件を探す範囲の引数

3.3 計算式のコピーと参照方式

――― 学習 ―――

[Excelの計算式をコピーするときに使う「相対参照」と「絶対参照」について、それぞれどんなケースで使うのかを把握します。]

　Excelのシートで計算式を作成する際には、一つの計算式を作成してもそれで終わらず、似たような計算式を複数のセルに設定するということがほとんどです。そのようなときに、一回一回計算式を作っていてはとても効率が悪いです。しかし、Excelでは同じ計算式を複数の範囲に「コピー」することができるのです。

　Excelの計算式では、**計算式が入っているセルと、その計算式で参照されているセルの「位置関係」が重要**になってきます。

　セル《B2》の「個数」とセル《C2》の「単価」をかけて合計を求める例を考えてみます。セル《D2》に計算式「B2*C2」を入力した場合、Excelは式の文字通り「B2×C2」の意味で考えずに、「二つ左隣×一つ左隣」と考えます。

　重要な点として、こうした計算式はコピーできますが、コピーされるのは位置関係です。つまり一つの計算式を作成すれば、10個でも10万個でもあとはコピーするだけなのです。これはExcelの凄いところの一つです。この計算式

の中で位置関係を維持することを、相対的に位置が変わっていくので、「相対参照」と呼びます。

　再び例を見てみましょう。先ほどセル《D2》に作成した計算式「=B2*C2」を《D3からD8》までコピーします。このとき、《D3からD8》には「=B2*C2」は入力されません。代わりに、セル《D3》には「=B3*C3」、セル《D4》には「=B4*C4」……という具合に、「二つ左隣×一つ左隣」という意味の計算式が入力されます。これは、この計算式と参照されるセルの位置関係が、「二つ左隣×一つ左隣」という法則でできているからです。

	A	B	C	D
1	商品	個数	単価	計
2	医療支援システム	2	3,000,000	=B2*C2
3	タブレット端末	11	100,000	1,100,000
4	サーバー	16	500,000	8,000,000
5	高性能サーバー	17	1,000,000	17,000,000
6	技術料A	18	10,000	180,000
7	技術料B	19	15,000	285,000
8	出張費	2	12,000	24,000

　「相対参照」は計算書を作成するうえでとても便利で効率化できる方法なのですが、Excelの計算式がすべて相対参照というわけではありません。

　次の例では、まずセル《D2》に同じ行の個数のセル《B2》と同じ行の単価のセル《C2》をかけ合わせたものに、セル《F2》の消費税率に1を足した計算式で「税込計」を求めます。この計算式「=B2*C2*(1+F2)」ですが、「二つ左隣×一つ左隣×二つ右隣に1を足したもの」という位置関係を意味しています。この法則でセル《D2》の計算式を《D3》、《D4》……とそのまま下にコピーすると、消費税率のセル《F2》を参照すべきところも、《F3》、《F4》……と下にどんどんずれてしまいます。

　そこで、計算式入力中に消費税率のセル《F2》を指定したらすぐに F4 キーを押しましょう。そうすると、「F」と「2」前に「$」がついて、「=B2*C2*(1+$F$2)」という計算式になります。「$F$2」は絶対にセル《F2》を見るという意味になります。コピーしても下にずれずにセル《F2》を見ます。このセルに「$」を付けるセル参照を、コピーしても絶対に動かないでそのセルを見るので「絶対参照」と呼びます。「$」は指定した直後に F4 キーを押してもいいですし、後からキー

ボードで、手入力で入力しても構いません。

	A	B	C	D	E	F
1	商品	個数	単価	税込計		消費税率
2	医療支援システム	2	3,000,000	=B2*C2*(1+$F$2)		10%
3	タブレット端末	11	100,000	1,210,000		
4	サーバー	16	500,000	8,800,000		
5	高性能サーバー	17	1,000,000	18,700,000		
6	技術料A	18	10,000	198,000		
7	技術料B	19	15,000	313,500		
8	出張費	2	12,000	26,400		

計算式の中には「列だけ絶対参照で、行は相対参照」というような複合的に参照する計算式もあります。これを「複合参照」と呼びます。

次の「パソコンレンタル料金表」では、「レンタル料金」を「基本料×レンタル日数に応じた金額×レンタル台数」を計算式で求めています。

	A	B	C	D	E	F	G
1	パソコンレンタル料金表						
2	料金=基本料金*レンタル台数*レンタル日数						
3							
4	基本料金						
5	3000				レンタル台数		
6			1	2	3	4	5
7	レ	1	=$A$5*$B7*C$6		9,000	12,000	15,000
8	ン	2	6,000	12,000	18,000	24,000	30,000
9	タ	3	9,000	18,000	27,000	36,000	45,000
10	ル	7	21,000	42,000	63,000	84,000	105,000
11	日	10	30,000	60,000	90,000	120,000	150,000
12	数	30	90,000	180,000	270,000	360,000	450,000

計算式の入る《C7からG12》のセル範囲の左上のセル《C7》の計算式を見てみると、「=$A$5*$B7*C$6」となっています。「$A$5」は計算式をコピーしても「基本料金」を意味するセル《A5》を絶対に動かさない絶対参照です。「$B7」は「レンタル日数」を見ています。「レンタル日数」は《B7からB12》に入力されているので、この計算式をコピーしても列は絶対に固定したいですが、行は動かす必要

があります。対して、「C$6」は「レンタル台数」を見ています。「レンタル台数」は《C6からG6》に入力されているので、コピーしても行は絶対に固定しますが、列は動かしたいです。絶対に動かしたくないアルファベットまたは数字の前に「$」が付く参照にするというのがポイントです。

　計算式入力中にセルを指定し F4 キーを押すたびに「$」の付き方が変わります。

　相対参照や絶対参照、複合参照の考えは、計算式をコピーしない場合は意識しなくてよいのですが、計算式をコピーする場合には必要かどうか考えます。

　以上のように絶対参照や複合参照は、覚えておかなければならないものの、難易度は高いです。しかし、テーブルを使った計算式を作成した場合はExcelがうまく考えてくれ、あまり意識しなくてもよくなるので、できるだけテーブルにできる一覧表は、テーブルにしておきます。

3.4 他のセルの値をそのまま出す

--- 学習 ---

[Excelの計算式で、あるセルの値を他のセルにそのまま表示する方法
と、その注意点を把握します。]

　あるシートのセル《A1》の値を変更したら、別シートのセル《C1》にもまったく同じ値が自動的に反映される、ということをしたい場合はどうするのでしょうか。

　実はとても単純なことで、別シートのセル《C1》に「**=元シート!A1**」と入力しておけば、元シートのセル《A1》に入力したら別シートのセル《C1》もまったく同じ値になります。「=」の後に一つのセル参照しかないこのような計算式は、四則演算でも関数でもありませんが、計算式の一つの形なのです。

　この場合、気を付けなければならないのは、元シートのセル《A1》を変更したら別シートのセル《C1》は同じ値になりますが、逆に別シートのセル《C1》を

変更しても、元シートのセル《A1》は変更されません。それどころか別シートのセル《C1》の計算式が壊れ、連携できなくなります。このように**Excelの計算式は一方向の連携**なのです。

元データの入っているセル　計算結果のセル

3.5　テーブルを参照する計算式

学習

[
テーブルの値を使った計算式は、普通のセルを参照する場合とは違った計算式になります。その仕組みを把握します。
]

　セルを参照する数式は、「**=D2*E2**」のようにセルの参照を数式の中に入れれば作成できます。セルの範囲も「**=SUM(A2:A11)**」のように「:」で先頭セルと最終セルを挟めば、その間のセル範囲を指定する数式を作成できます。

　対して、テーブル内のセルを参照する数式は、「**=[@単価]*[@個数]**」というように、文字でわかりやすく指定することができます。

　テーブルの計算式にはさまざまなバリエーションがあります。計算式は次のように入力します。

・テーブルを参照するのは、計算式内にテーブル名だけを書きます。
・同じ行のいずれかの1列のセルを参照するのは、「[@項目名]」です。これはあくまでテーブル内から同じテーブル内のセルを参照する場合です。
・テーブルの1列は、「テーブル名[項目名]」です。

- テーブルの複数列は「テーブル名[[はじめの項目名]:[終わりの項目名]]」です。
- テーブルの1行目のそれぞれの項目名のいずれかの一つのセルは「テーブル名[[#見出し],[項目名]]」です。
- 集計行の項目名のいずれかの一つのセルは「テーブル名[[#集計],[項目名]]」です。

次のテーブルを例に考えてみましょう。

	A	B	C	D	E
1	商品名	単価	個数	販売額	消費税額
2	PC	200,000	4	800,000	20,000
3	マウス	1,000	4	4,000	100
4	サイネージ	1,000,000	1	1,000,000	100,000
5	プログラム	1,500,000	1	1,500,000	150,000
6	タブレット	100,000	10	1,000,000	10,000
7	電子カルテ	6,700,000	1	6,700,000	670,000
8	集計			11,004,000	950,100

このテーブルに設定されているテーブル名が「tbl販売」だとすると、計算式で使う参照は次のとおりです。

種類	計算式で使う参照
テーブル	tbl販売
同じ行の1項目	[@単価]
テーブルの1列	tbl販売[販売額]
テーブルの複数列	tbl販売[[販売額]:[消費税額]]
テーブルの1行目の項目名のひとつ	tbl販売[[#見出し],[商品名]]
集計行のひとつ	tbl販売[[#集計],[消費税額]]

3.6 計算式や関数の入力

学 習

[仕組みを作成する際に計算式や関数を効率良く入力する方法を把握します。頭の中で操作をイメージしながら読み進めましょう。]

　計算式の入力方法はさまざまです。もし慣れているのであれば慣れている方法で入力していいのですが、ここで代表的な入力例をいくつか紹介します。本書で提示している計算式は、すべて手入力でも入力できますので、一番得意な入力方法で入力して結構です。

計算式を入力する

　まず、下の表でセル《C3》に「消費税額」を求める場合、《C2》の値に「10%」を掛け合わせる方法を紹介します。

◢	A	B	C
1			
2		本体価格	1500
3		消費税額	
4		合計	
5			

　まず、計算式ははじめに「=」を入力します❶。

◢	A	B	C
1			❶
2		本体価格	1500
3		消費税額	=
4		合計	
5			

次に、セル《C2》をクリックします❶。

▲	A	B	C
1			❶
2		本体価格	1500
3		消費税額	=C2
4		合計	
5			

掛け算なので「*」と「10%」を入力します❶。

▲	A	B	C
1			
2		本体価格	1500
3		消費税額	=C2*10%
4		合計	❶
5			

計算式が「**=C2*10%**」になっていることを確認して Enter キーを押すと❶、計算結果が求まります。

▲	A	B	C
1		❶ Enter キーを押す	
2		本体価格	1500
3		消費税額	150
4		合計	

次に「合計」を求めます。「合計」はこの場合、セル《C2》と《C3》の足し算で求めてもよいのですが、ここは関数入力の方法を紹介するため、合計を求める「SUM関数」を使った《C2からC3》のセル範囲の合計で求めてみます。

「=」に続けて「su」と入力します❶。そうすると「su」で始まる関数一覧が表示されますので、その中から「SUM」を選択して❷、ダブルクリックか、TAB キーを押します❸。

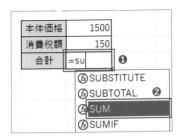

❸ダブルクリック or
TAB キーを押す

「**=SUM**(」と入力されます。

	A	B	C
1			
2		本体価格	1500
3		消費税額	150
4		合計	=SUM(
5			

　次に範囲を指定します。範囲の指定はその範囲をドラッグすればよいです。
この場合は《C2からC3》のセル範囲をドラッグします❶。すると「C2:C3」のよ
うに《C2からC3》のセル範囲を表す参照が入力されます。

	A	B	C	D
1				
2		本体価格	1500	❶
3		消費税額	150	
4		合計	=SUM(C2:C3	
5				

　最後に「)」を入力し❶、数式を確認して Enter キーを押します❷。

	A	B	C	D
1				
2		本体価格	1500	
3		消費税額	150	
4		合計	=SUM(C2:C3)	❶
5				

❷ Enter キーを押す

計算結果が求まります。

	A	B	C
1			
2		本体価格	1500
3		消費税額	150
4		合計	1650
5			

次は「文字列結合式」です。文字列結合式は、文字と文字をくっつける計算式です。文字と文字をつなぐのは「&」です。

セル《B2》と《B3》の値を使って、セル《D2》に「2023年5月」と表示します。

	A	B	C	D
1				
2		2023		
3		5		

これも四則計算と同じく、「=」を入力します❶。

	A	B	C	D
1				
2		2023	❶	=
3		5		

セル《B2》をクリックし「B2」と入力させます❶。

	A	B	C	D
1				
2		2023	❶	=B2
3		5		

その後に「&」を入力し、さらに「"年"」と入力し、「&」を入力します❶。

	A	B	C	D
1				
2		2023	❶	=B2&"年"&
3		5		

POINT

「年」を「""」で囲んでいるのは、Excelでセル参照でなく文字を直接数式内に指定する場合は必ず「""」で囲むルールになっているからです。

セル《B3》をクリックします❶。

▲	A	B	C	D	E
1					
2		2023		=B2&"年"&B3	
3	❶	5			
4					

「&」を入力し、さらに「"月"」と入力し、計算式が「**=B2&"年"&B3&"月"**」になっていることを確認して❶、[Enter]キーを押します❷。

▲	A	B	C	D	E
1					
2		2023		❶	=B2&"年"&B3＆"月"
3		5			
4				❷ [Enter] キーを押す	

文字をくっつけた文字列が求まります。

▲	A	B	C	D
1				
2		2023		2023年5月
3		5		
4				

次はテーブルのデータを参照する場合です。テーブル内で四則計算をしましょう。「販売額」は「単価」と「数量」の掛け算です。

▲	A 商品名	B 単価	C 個数	D 販売額
1	**商品名** ▼	**単価** ▼	**個数** ▼	**販売額** ▼
2	PC	200,000	4	
3	マウス	1,000	4	
4	サイネージ	1,000,000	1	
5	プログラム	1,500,000	1	
6	タブレット	100,000	10	
7	電子カルテ	6,700,000	1	
8				
9			**合計**	

この場合はセル《D3》に販売額を求めるので、まずは《D3》に「=」を入力します❶。

	A	B	C	D
1	商品名 ▽	単価 ▽	個数 ▽	販売額 ▽
2	PC	200,000	4	=
3	マウス	1,000	4	❶
4	サイネージ	1,000,000	1	
5	プログラム	1,500,000	1	
6	タブレット	100,000	10	
7	電子カルテ	6,700,000	1	
8				
9			合計	

同じ行の単価である、セル《B2》をクリックします❶。そうすると「B2」というセル参照ではなく、「[@単価]」という「@」に続き「[]」で囲まれた項目名が入ります。

POINT

「@」は同じ行という意味です。
「[]」は項目名を表します。

	A	B	C	D
1	商品名 ▽	単価 ▽	個数 ▽	販売額 ▽
2	PC	200,000 ❶	4	=[@単価]
3	マウス	1,000	4	
4	サイネージ	1,000,000	1	
5	プログラム	1,500,000	1	
6	タブレット	100,000	10	
7	電子カルテ	6,700,000	1	
8				
9			合計	

次に掛け算を表す「*」を入力します❶。

	A	B	C	D
1	商品名	単価	個数	販売額
2	PC	200,000	4	=[@単価]*
3	マウス	1,000	4	❶
4	サイネージ	1,000,000	1	
5	プログラム	1,500,000	1	
6	タブレット	100,000	10	
7	電子カルテ	6,700,000	1	
8				
9			合計	

　同じ行の個数のセル《C2》をクリックします❶。「[@個数]」が入力され、計算式が「=[@単価]*[@個数]」になります。数式を確認して Enter キーを押します❷。

	A	B	C	D
1	商品名	単価	個数	販売額
2	PC	200,000	4	=[@単価]*[@個数]
3	マウス	1,000	❶	4
4	サイネージ	1,000,000		1
5	プログラム	1,500,000	❷ Enter キーを押す	
6	タブレット	100,000	10	
7	電子カルテ	6,700,000	1	
8				
9			合計	

テーブルに対する計算式なので、計算式の項目すべてに計算式が反映します。

	A	B	C	D
1	商品名	単価	個数	販売額
2	PC	200,000	4	800,000
3	マウス	1,000	4	4,000
4	サイネージ	1,000,000	1	1,000,000
5	プログラム	1,500,000	1	1,500,000
6	タブレット	100,000	10	1,000,000
7	電子カルテ	6,700,000	1	6,700,000
8				
9			合計	

このように、**テーブルを使った計算式では、セルの参照ではなく項目名が入るということ、計算式を確定したらその項目すべてに計算が反映する**ことがポイントです。

テーブルのデータをもとにした関数を入力する

今度はテーブルのデータをもとにした関数の入力です。セル《D9》の合計にはその上のテーブルの「販売額の合計」を求めます。

セル《D9》に「=」に続き「su」と入力し、表示された「SUM」をダブルクリックします❶。

	A	B	C	D	
1	商品名 ▼	単価 ▼	個数 ▼	販売額 ▼	
2	PC	200,000	4	800,000	
3	マウス	1,000	4	4,000	
4	サイネージ	1,000,000	1	1,000,000	
5	プログラム	1,500,000	1	1,500,000	
6	タブレット	100,000	10	1,000,000	
7	電子カルテ	6,700,000	1	6,700,000	
8					
9			合計	=SUM(	❶

次に合計の元データ範囲の《D2からD7》のセル範囲をドラッグします❶。「tbl売上［販売額］」が入ります。これはテーブル《tbl売上》の「販売額」の項目という意味です。

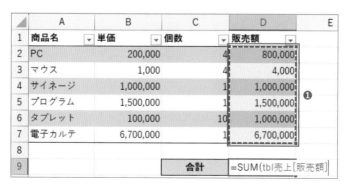

	A	B	C	D	E
1	商品名 ▼	単価 ▼	個数 ▼	販売額 ▼	
2	PC	200,000	4	800,000	
3	マウス	1,000	4	4,000	
4	サイネージ	1,000,000	1	1,000,000	❶
5	プログラム	1,500,000	1	1,500,000	
6	タブレット	100,000	10	1,000,000	
7	電子カルテ	6,700,000	1	6,700,000	
8					
9			合計	=SUM(tbl売上［販売額］	

最後に「)」で閉じて、計算式が「**=SUM(tbl売上[販売額])**」になっていること
を確認し❶、 Enter キーを押します❷。

	A	B	C	D	E
1	**商品名** ▼	**単価** ▼	**個数** ▼	**販売額** ▼	
2	PC	200,000	4	800,000	
3	マウス	1,000	4	4,000	
4	サイネージ	1,000,000	1	1,000,000	
5	プログラム	1,500,000	1	1,500,000	
6	タブレット	100,000	10	1,000,000	
7	電子カルテ	6,700,000	1	6,700,000	
8				❶	
9			**合計**	=SUM(tbl売上[販売額])	

❷ Enter キーを押す

計算結果が求まります。

	A	B	C	D
1	**商品名** ▼	**単価** ▼	**個数** ▼	**販売額** ▼
2	PC	200,000	4	800,000
3	マウス	1,000	4	4,000
4	サイネージ	1,000,000	1	1,000,000
5	プログラム	1,500,000	1	1,500,000
6	タブレット	100,000	10	1,000,000
7	電子カルテ	6,700,000	1	6,700,000
8				
9			**合計**	11,004,000
10				

このように**テーブル以外の場所に計算式を作成すると、「テーブル名[項目
名]」という参照になります**。

別シートのテーブルを参照する ▼

最後に別シートのテーブルを参照した計算式の入力方法です。
まず《販売商品》シートにはテーブル《販売》があります。

	A	B
1	販売日 ▼	販売商品 ▼
2	9:35	紅茶
3	10:07	紅茶
4	11:55	コーヒー
5	13:09	抹茶
6	13:15	抹茶
7	14:03	コーヒー
8	15:13	コーヒー
9	15:30	抹茶
10	15:41	抹茶
11	15:41	紅茶
12	16:56	抹茶
13	17:22	コーヒー
14	19:12	コーヒー
15	20:29	抹茶

《集計》シートにはテーブル《集計表》があります。

	A	B
1	商品 ▼	販売回数 ▼
2	抹茶	
3	コーヒー	
4	紅茶	

　テーブル《集計表》の販売回数の項目に、テーブル《販売》の「商品」それぞれが、何個ずつ売れたのを集計します。そのためには「COUNTIF関数」を使って、シート《集計表》のセル《B2》に「**=COUNTIF（テーブル販売の商品の列, テーブル集計表の商品のセル《A2》）**」という計算式を入力します。

　この場合、シート《集計》のセル《B2》に「**=cou**」と入力し、表示された「COUNTIF」をダブルクリックし「**=COUNTIF（**」を入力します❶。

	A	B
1	商品 ▼	販売回数 ▼
2	抹茶	=COUNTIF(
3	コーヒー	❶
4	紅茶	

ここで、シート見出し「販売商品」をクリックします❶。

《B2からB15》のセル範囲をドラッグします❶。

ここですぐに「,」を入力します。**一つの引数を入力したら、すぐに「,」を入力してください。**そうしないと、せっかく範囲選択して指定した部分が他のものに置き換わってしまいます。ここは大事なポイントです。

シート見出し「集計」をクリックしセル《A2》をクリックします❶。同じ行の商品列なので「@商品」と入ります。

「）」を入力し**❶**、計算式が「**=COUNTIF（販売［販売商品］,[＠商品]）**」である
ことを確認し、[Enter]キーを押します**❷**。

　結果が求まります。計算式のあるセルはテーブルの中の一つですので、テー
ブルの機能により、すべての販売回数の項目に計算式が入ります。

3.7　関数のネスト

[
**関数の中に関数が入る「ネスト」は入力方法がやや難しいです。ネスト
の入力のコツを把握します。**
]

　計算式の中には複数の関数を入れることができます。一つの関数だと一つの
ことしかできませんが、関数を二つ組み合わせることで二つ以上の機能を持つ
計算式にすることができます。このように関数の中に関数を入れることを「ネ
スト」と呼びます。
　よくあるのは「IF関数とVLOOKUP関数」の組み合わせです。「一覧表」から
「コード番号」を調べてその「単価」を求めるということを「VLOOKUP関数」で

行って、該当するコード番号が見当たらない場合は（「エラー」になってしまうので）「空白」を表示するという機能を「IF関数」で行います。式は次のようになります。

=IF(A1="","",VLOOKUP(A1,D1:G10,2,FALSE))

　このとき、VLOOKUP関数は、IF関数の()の中にあるので、IF関数がVLOOKUP関数を内包していると考えます。

　関数のネストの入力は、初心者にはコツをつかむまで大変な操作の一つです。経験を積んでいくと、関数を考えながらネストを考えていけるようになるので、内側の関数より入力するということもあるのですが、内側の関数からの入力はとても大変です。初心者ははじめにどんな計算式になるか考えて、それをはじめから入力していくといいでしょう。例えば上の例であれば「=if」と入力して表示された「IF」をダブルクリックして、セル《A1》をクリックして、「"="","",」と入力します。ここで「vl」と入力し、表示された「VLOOKUP」をダブルクリックし……といったように「,」の後に関数名の最初の数文字を入力します。

3.8 業務ツールで使う便利な関数

┤ 学 習 ├

Excelの関数はたくさんありますが、その中でも特に仕組みを作るときに使う関数を厳選して紹介します。

　ここからはExcel関数の解説です。Excelには関数が数多くあります。その中でも業務ツールで使うと便利な関数を紹介します。

MAX 関数

「最大値」を求める関数です。
「MAX関数」の書式は次のとおりです。

=MAX（最大値を求める元データの範囲）

COUNT 関数

数値の入力されている「セルの個数」を数える関数です。
「COUNT関数」の書式は次のとおりです。

=COUNT（セル個数を求める元データの範囲）

　COUNT関数はセルの値が「数字」と「日付」のみ数えます。「文字」を数える場合は「COUNTA関数」を使います。

COUNTA 関数

「空白ではないセルの個数」を数える関数です。
「COUNTA関数」の書式は次のとおりです。

=COUNTA（空白ではないセル個数を求める元データの範囲）

　COUNTA関数はセルの値が「文字」と「数字」、「日付」のセルの個数を数えます。それに対し、文字列は数えずに数値と日付のセル個数を数えるのが「COUNT関数」です。

TODAY 関数

「今日の日付」を求める関数です。
「TODAY関数」の書式は次のとおりです。

=TODAY()

これだけで今日の日付を求めます。()の中には何も指定しません。今日の情報を調べるのに情報はいらないので「()」の中には何も入りません。その場合でも「()」は必要なのです。Excelにはこのような引数のない関数もあります。

ROW 関数

「セルの行番号」を求めます。
「ROW関数」の書式は次のとおりです。

=ROW(行番号を知りたいセル)

ROW関数は「TODAY関数」と同じように「()」の中に何も指定しないこともできます。その場合は計算式が入力されているセルの行番号を求めます。

MOD関数

「割り算の余り」を求めます。
割り算は「2」で割った余りを見て「1」ならばその行が「奇数」、「0」なら「偶数」なの判定するのに使うことができます。書式は次のとおりです。

=MOD(割られる値,割る値)

例えばセル《A1》が奇数行か偶数行か調べるには、「ROW関数」と組み合わせて次のように判定します。

=MOD(ROW(A1),2)

この結果は「1」なので、セル《A1》は奇数行だと判定できます。

ROWS 関数

「範囲の行数」を求めます。ROW関数の複数形なので「範囲の高さ要素の個数」という意味になります。

「ROWS関数」の書式は次のとおりです。

=ROWS(行数を知りたいセル範囲)

テーブル範囲のデータ数を調べるのに便利です。

DATE 関数

「年」、「月」、「日」の「三つの数字から一つの日付」を求めます。

「DATE関数」の書式は次のとおりです。

=DATE(年の数値,月の数値,日の数値)

EOMONTH 関数

ひと月の日数は月によって違うので、月末を求めるのに30日後、または31日後といった考え方はできません。そこで、月末をうまく求めてくれる「EOMONTH関数」の出番です。「指定された月の指定された月数後の月末の日付」を求める関数です。

「EOMONTH関数」の書式は次のとおりです。

=EOMONTH(日付,何か月後の月末を求めるか)

当月の月末を求めるのであれば、「何か月後の月末を求めるか」に0を指定します。

IF 関数

もしもセル《A1》の値が80を超えていたら「合格」そうではなければ「不合格」、

もしもセル《B2》に何も入力されていなかったら答えを求めずに空欄にする、そうでなければ計算式を求めるという動作をするのにはIF関数を使います。

書式は次のとおりです。

=IF(条件,条件があっていたときの結果,条件が合っていなかったときの結果)

条件には、そうかどうかを示す式を設定します。例えば「A1>80」はセル《A1》が「80を超えていたら」という条件です。「B2=""」はセル《B2》が「空白」という意味です。

セル《B2》が「空白」ならば「空白」にし、そうでなければセル《B2》の値に「1」を足すという例を考えてみましょう。その場合のIF関数は次のとおりです。

=IF(B2="","",B2+1)

IFS関数

「IF関数」では、「そうかそうではないかの二つの条件」でしか結果を分けることができません。たくさんに条件を分けるときは「IFS関数」を使います。

「IFS関数」の書式は次のとおりです。

=IFS(条件1,結果1,条件2,結果2,条件3,結果3,条件4,結果4…)

「条件」に対する「結果」を交互に設定していきます。

さらに、「どの条件にも当てはまらなかった場合」の選択肢として、最後に「TRUE,」の後に結果の値を記します。

セル《A1》が「未入力」ならば「未作業」、セル《B1》が「未入力」ならば「入力済」、セル《C1》が「未入力」ならば「計算済」とし、それ以外の場合「不明」とするIFS関数は次のようになります。

=IFS(A1="","未作業",B1="","、入力済"、C1="","、計算済",TRUE,"不明")

条件を示すには以下のような比較演算子という統合・不等号を使います。

=（等しい）：「A1=1」の場合、セル《A1》の値が1なら成立。

<>（等しくない）：「A1<>1」の場合、セル《A1》の値が1ではないなら成立。

<（より小さい）：「A1<1」の場合、セル《A1》の値が1よりも小さいなら成立。

>（より大きい）：「A1>1」の場合、セル《A1》の値が1よりも大きいなら成立。

<=（以下）：「A1<=1」の場合、セル《A1》の値が1か1よりも小さいなら成立。

>=（以上）：1>=1の場合、セル《A1》の値が1か1よりも大きいなら成立。

SUMIF関数

「SUM関数」では、範囲内すべての合計を求めますが、そのうち「A支店」だけの合計といった、「条件を分けた合計」を求める場合があります。その場合は「SUMIF関数」を使います。

「SUMIF関数」の書式は次のとおりです。

=SUMIF（条件の範囲,条件,合計の範囲）

《A1からA10》までのセル範囲に「支店名」が入力されており、《B1からB10》までのセル範囲にそれぞれの「売上額」が入力されている場合、「A支店」の「合計」を求める場合は、次の計算式となります。

=SUMIF(A1:A10,"A支店",B1:B10)

SUMIFS関数

「SUMIF関数」では、「一つの条件」しか指定できません。多くの条件を設定する場合は「SUMIFS関数」を使います。

「SUMIFS関数」の書式は次のとおりです。

=SUMIFS（合計の範囲,条件の範囲,条件1,条件の範囲1,条件2,条件の範囲2,条件3,条件の範囲3…）

「合計の範囲」に続けて、「条件の範囲」とその「条件」が交互に入力されます。「SUMIF関数」と違って合計の範囲が最初に入ることに気を付けましょう。

具体例を見てみましょう。《A1からA10》までのセル範囲には「支店名」が、《B1からB10》までのセル範囲には「商品名」が、《C1からC10》のセル範囲には「販売金額」が入力されている場合、「A支店」の「商品X」の「合計」を求める場合は、次の計算式となります。

=SUMIFS(C1:C10,A1:A10,"A支店",B1:B10,"商品X")

MAXIFS関数

「SUMIFS関数」では、複数条件に対する「合計値」を求めるものでした。「条件ごとの範囲内の最大値」を求める場合には「MAXIFS関数」を使います。Excelの関数には1条件だけの最大値を求める「MAXIF関数」がないため、条件付きの最大値は1条件でもMAXIFS関数を使います。

「MAXIFS関数」の書式は次のとおりです。

=MAXIFS(最大値の範囲,条件の範囲,条件1,条件の範囲1,条件2,条件の範囲2,条件3,条件の範囲3…)

本書では「MAXIFS関数」を、「最終日付」を求めるのに使います。「日付の一番大きいもの」が最終日付となるのでMAXIFS関数で求めることができるのです。《A1からA10》までのセル範囲に「支店名」が入力されており、《B1からB10》までのセル範囲に「商品名」が入力されており、《C1からC10》のセル範囲に「販売日」が入力されている場合、「A支店」の「商品X」の「最終販売日」を求める場合は、次の計算式となります。

=MAXIFS(C1:C10,A1:A10,"A支店",B1:B10,"商品X")

VLOOKUP関数

「VLOOKUP関数」は「一覧表の中から値を探す」関数です。今まで紹介した関数に比べて複雑ですが、Excelの中でも代表的な関数です。

「VLOOKUP関数」の書式は次のとおりです。

=VLOOKUP(探す値,検索範囲,列番号,FALSE)

　VLOOKUP関数は、「検索値」を「検索範囲」の最左列から探し出し、その行の指定された「列」の値を求めます。

　また、二つの表の情報を一つにまとめるときも活躍します。次の表において「**=VLOOKUP(4,$A$1:$D$6,3,FALSE)**」は、《A1からD6》までのセル範囲の最左列から「4」を探し、その「3列目」を求めます。結果、「牛島株式会社」が求まります。

	A	B	C	D
1	案件番号	案件名	取引先	開始日
2	1	辰島邸新築工事	辰島様	2019/12/29
3	2	亥丘邸リフォーム	亥丘様	2020/1/4
4	3	辰丘町小学校工事	辰丘町	2020/1/3
5	4	牛島社社屋工事	牛島株式会社	2020/1/6
6	5	子池社社屋リフォーム	子池コーポレーション	2020/1/6

　最後の「FALSE」は一番左の列から「完全一致」で探す値を探すという意味です。なお、VLOOKUP関数に指定する範囲は、コピーしたときでも絶対にその範囲を見ることがほとんどのため、テーブルを参照元に設定するか、忘れずに絶対参照にしましょう。

> **Tips**
>
> 「FALSE」ではなく「TRUE」にすると探す値が超えない値を探す「近似値一致」となります。「近似値一致」の使い方では、一覧表の最左列が「昇順」に並んでいる「数値データ」で使います。「完全一致」では数値でなくても「文字列」でも検索ができます。

OFFSET 関数

　今回使う関数の中で一番難しい関数が「OFFSET関数」です。「セルの位置や範囲を指定」します。

　OFFSET関数はセルの値ではなく場所を求めるという特殊な使い方をするので、単独でシートに入力することはほとんどありません。他の関数と組み合わせて入力されるか、「名前」機能と組み合わせて使うことになります。

「OFFSET関数」の書式は2通りあります。一つ目は一つのセルを指定する書式で、以下のとおりです。

=OFFSET（選択する基準のセル，下に移動する距離，右に移動する距離）

基準となるセルに対して、下にいくつ、右にいくつ移動したセルを指定します。今回はこの範囲を指定しない方法で、追加データの入力セルの位置を調べる使い方をします。

例えば、「=**OFFSET($A$1,2,3)**」はセル《A1》から「下」に「2」つ、右に「3」つ移動したセルなので、セル《D3》を表します。選択する基準のセルは「絶対参照」にします。

この計算式を、【名前ボックス】をクリックして入力し Enter キーを押すと、セル《D3》に【ジャンプ】することができるのです。

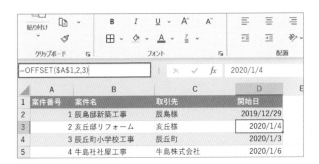

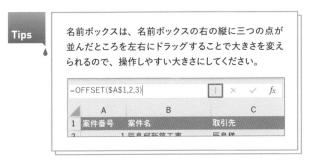

Tips　名前ボックスは、名前ボックスの右の縦に三つの点が並んだところを左右にドラッグすることで大きさを変えられるので、操作しやすい大きさにしてください。

追加データを追加するセルを選択するために、OFFSET関数を使用することができます。 テーブルにデータをどんどん追加する場合、追加するたびにセ

ルは下に動いてしまいます。すると、次のデータを追加するセルを指定するのは難しいのですが、OFFSET関数を使用すればテーブルの行数を数えてその次の行を選択、ということができます。この方法で新しいデータを追加する場合は、OFFSET関数で調べたセルにデータを入力すればよいです。

	=OFFSET(tbl案件[[#見出し],[開始日]],ROWS(tbl案件)+1,0)				× ✓ *fx*

	D	E	F	G	H	I
1		案件番号 ▼	案件名 ▼	取引先 ▼	開始日 ▼	
2		1	辰島邸新築工事	辰島様	2019/12/29	
3		2	亥丘邸リフォーム	亥丘様	2020/1/4	
4		3	辰丘町小学校工事	辰丘町	2020/1/3	
5		4	亥丘邸リフォーム	亥丘様	2020/1/15	
6						
7						

もう一つの書式はセル範囲を指定する書式で、以下のとおりです。

=OFFSET(選択する基準のセル, 下に移動する距離, 右に移動する距離, 指定する行数, 指定する列数)

「**=OFFSET($A$1,6,2,6,5)**」は、セル《A1》から「下」に「6」つ、「右」に「2」つ移動したセルから、「縦」に「6」個、「横」に「5」個なので、《C7からG12》のセル範囲を表します。

	=OFFSET($A$1,6,2,6,5)				*fx*	=$A$5*$B7*C$6

	A	B	C	D	E	F	G
1	パソコンレンタル料金表						
2	料金=基本料金*レンタル台数*レンタル日数						
3							
4	基本料金						
5	3000				レンタル台数		
6			1	2	3	4	5
7	レ	1	3,000	6,000	9,000	12,000	15,000
8	ン	2	6,000	12,000	18,000	24,000	30,000
9	タ	3	9,000	18,000	27,000	36,000	45,000
10	ル	7	21,000	42,000	63,000	84,000	105,000
11	日	10	30,000	60,000	90,000	120,000	150,000
12	数	30	90,000	180,000	270,000	360,000	450,000
13							

範囲を指定する方法は、テーブルを使っているとあまり使う機会はありませ

ん。今回もこの書式は使いませんが、「=**OFFSET($A$1,1,1,ROWS(テーブル** 「**tbl商品**」**),2)**」とすれば、A1から始まるテーブル「tbl一覧表」の《B列とC列の 1行目》の項目を抜いたデータ範囲を選択できます。

	A	B	C
	=OFFSET($A$1,1,1,ROWS(tbl商品),2)		
1	商品 ▼	単価 ▼	消費税額 ▼
2	ウォルナットフローリング	21,000	2,100
3	工賃A	15,000	1,500
4	ウォルナットフローリング	21,000	2,100
5	ナラ材フローリング	23,000	2,300
6	工賃A	15,000	1,500
7	ウォルナットフローリング	21,000	2,100
8	工賃B	10,000	1,000
9	工賃A	15,000	1,500

3.9 スピル

─┤ 学 習 ├─

Microsoft 365 または Excel 2021 で新たに追加された機能「スピル」 について、何が便利なのか、どのように使うのか、注意点を把握します。

Microsoft 365、または Excel 2021には新たな便利な機能が増えました。「ス ピル」という新機能です。これによって、今まで機能で行っていたフィルター や並べ替えが関数でできるようになりました。

今までは、セルに計算式を入力すると、一つのセルにしか答えを出すことが できませんでした。もし多くの範囲に計算式を入力したい場合は、「計算式を 入力した後にコピーする」といったことが必要でした。

しかし、新しいスピル機能は、例えばセル《C1》に「=**B2:B8*C2:C8**」といっ た計算式を作成することができるようになりました。その結果、セル《D2》に 計算式を一つ入れるだけで、《C2からC8》のセル範囲に《A2からA8》のセル範囲

と《B2からB8》までのセル範囲をかけあわせた値が「セル範囲」に表示されます。

	A	B	C	D
1	商品	個数	単価	計
2	医療支援システム	2	3,000,000	6,000,000
3	タブレット端末	11	100,000	1,100,000
4	サーバー	16	500,000	8,000,000
5	高性能サーバー	17	1,000,000	17,000,000
6	技術料A	18	10,000	180,000
7	技術料B	19	15,000	285,000
8	出張費	2	12,000	24,000

このようにスピルは「一つの計算式を入れただけで複数のセルに答えを出せる」機能なのです。

今回作成する仕組みも、このスピル機能によって複数のセル範囲に計算式をコピーすることなく、とてもシンプルな形で作成できるのです。

また、《D2からD8》のセル範囲にスピルで求めた範囲は「D2:D8」という指定をせずに「D2#」という一つのセル参照に「#」を付けて指定できます。よって、セル《E2》に税額を求める場合は、計算式「=D2#*10%」を入力するだけで、《E2からE8》のセル範囲に計算の結果が求まります。

	A	B	C	D	E
1	商品	個数	単価	計	税額
2	医療支援システム	2	3,000,000	6,000,000	600000
3	タブレット端末	11	100,000	1,100,000	110000
4	サーバー	16	500,000	8,000,000	800000
5	高性能サーバー	17	1,000,000	17,000,000	1700000
6	技術料A	18	10,000	180,000	18000
7	技術料B	19	15,000	285,000	28500
8	出張費	2	12,000	24,000	2400

この「#」を使ったセル参照の方法は、とても便利で、【名前ボックス】に「D2#」と入力すれば、《D2からD8》のセル範囲を選択することができます。また、「計」を求めるのに入力した「=B2:B8*C2:C8」の計算式を1行足して「=B2:B9*C2:C9」とすると《E2からE8》のセル範囲に求まっていた「税額」も《E2からE9》のセル範囲に自動で広がります。

FILTER 関数 ▼

　いままでは、データをフィルターするには「フィルターの機能」を使うことになっていました。それがスピルによって一つの計算式でたくさんのセルに答えが出せるようになったことで、関数として使えるようになったのです。そのフィルターをする関数が「FILTER関数」です。FILTER関数は最もスピルっぽい関数です。

　書式は次のとおりです。

=FILTER(元データ範囲,抽出条件,一つも見つからないときに表示する値)

　「抽出条件」は、抽出する列のすべての行を指定し、元データ範囲に対し、元データと同じ行数を指定します。また「IF関数」と同じ用に「>」や「<」の不等号や「=」の等号で条件とその範囲を結びます。

　《A2からE8》の「セル範囲」の中で、《E2からE8》のセル範囲が「済」のデータを抽出し、「一つも抽出できないとき」は「空白」を表示するには次の計算式になります。

=FILTER(A2:E8,E2:E8="済","")

	A	B	C	D	E
1	商品	個数	単価	計	処理
2	医療支援システム	2	3,000,000	6,000,000	
3	タブレット端末	11	100,000	1,100,000	済
4	サーバー	16	500,000	8,000,000	
5	高性能サーバー	17	1,000,000	17,000,000	済
6	技術料A	18	10,000	180,000	済
7	技術料B	19	15,000	285,000	済
8	出張費	2	12,000	24,000	
9					
10	**処理済みのもの**				
11	商品	個数	単価	計	処理
12	タブレット端末	11	100000	1100000	済
13	高性能サーバー	17	1000000	17000000	済
14	技術料A	18	10000	180000	済
15	技術料B	19	15000	285000	済

また、条件は複数指定できます。「なおかつ」の条件のときはそれぞれの条件を「()」でくくり、それらを「*」で結合し、条件全体を「()」でくくります。

　《A2からE8》のセル範囲の中で、《D2からD8》のセル範囲が100万以上で《E2からE8》のセル範囲が「済」のデータを抽出し、一つも抽出できないときは「空白」を表示するには次の計算式になります。

=FILTER(A2:E8,((E2:E8="済")*(D2#>=1000000)),"")

	A	B	C	D	E
1	商品	個数	単価	計	処理
2	医療支援システム	2	3,000,000	6,000,000	
3	タブレット端末	11	100,000	1,100,000	済
4	サーバー	16	500,000	8,000,000	
5	高性能サーバー	17	1,000,000	17,000,000	済
6	技術料A	18	10,000	180,000	済
7	技術料B	19	15,000	285,000	済
8	出張費	2	12,000	24,000	
9					
10	計が100万以上で処理済みのもの				
11	商品	個数	単価	計	処理
12	タブレット端末	11	100000	1100000	済
13	高性能サーバー	17	1000000	17000000	済

　それぞれの条件が「()」で括られ、間に「*」が入り、全体が「()」で括られています。

　本書ではスピル機能を使った新関数のうち、このFILTER関数を使った例を紹介します。

SORT 関数

　いままで「並べ替え」をするには「並べ替え機能」を使う必要がありましたが、「SORT関数」を使うことでも並べ替えができます。

　書式は次のとおりです。

=SORT(元データ範囲,並べ替え列番号,昇順か降順か)

「元データ」は並べ替えたいセル範囲を、「並べ替え列番号」は並べ替えの基準になる列の番号を数値で、「昇順か降順は」、「1」を指定すると昇順、「-1」を入力したら降順になります。

《A2からE8》のセル範囲で、《D列》の降順で並べ替えたい場合は、次の計算式になります。

=SORT(A2:E8,4,-1)

	A	B	C	D	E
1	商品	個数	単価	計	処理
2	医療支援システム	2	3,000,000	6,000,000	
3	タブレット端末	11	100,000	1,100,000	済
4	サーバー	16	500,000	8,000,000	
5	高性能サーバー	17	1,000,000	17,000,000	済
6	技術料A	18	10,000	180,000	済
7	技術料B	19	15,000	285,000	済
8	出張費	2	12,000	24,000	
9					
10	**計の降順**				
11	商品	個数	単価	計	処理
12	高性能サーバー	17	1000000	17000000	済
13	サーバー	16	500000	8000000	0
14	医療支援システム	2	3000000	6000000	0
15	タブレット端末	11	100000	1100000	済
16	技術料B	19	15000	285000	済
17	技術料A	18	10000	180000	済
18	出張費	2	12000	24000	0

TRANSPOSE関数

「TRANSPOSE関数」は指定の「セル範囲の縦横を変換」し、その結果を複数セルの情報として出力する関数です。従来のExcelでも使えていたのですが、単体で使うことはあまりなく、使うのであれば他の関数と組み合わせて使っていました。

今回、スピルが搭載されて、結果を範囲で出力できるようになり活用幅が広がった関数です。

書式は次のとおりです。

=TRANSPOSE（縦横変換の範囲）

《A1からD1》のセル範囲を、《F1からF4》のセル範囲に縦横変換して表示させたい場合は、セル《F1》に次のように入力します。

=TRANSPOSE(A1:D1)

	A	B	C	D	E	F
1	1月	2月	3月	4月		1月
2						2月
3						3月
4						4月

スピルの注意点

スピルは一つの計算式を入力すると、セル範囲に結果を出力します。その際に、結果が出力される範囲上に計算式や値が入力された場合、「#スピル!」というエラーが表示されます。

	A	B	C	D	E
1	商品	個数	単価	計	処理
2	医療支援システム	2	3,000⚠0	#スピル!	
3	タブレット端末	11	100,000	120	済
4	サーバー	16	500,000		
5	高性能サーバー	17	1,000,000		済
6	技術料A	18	10,000		済
7	技術料B	19	15,000		済
8	出張費	2	12,000		

従来、スピル関数でできるようなことは機能で行われており、元のデータをそのまま加工する形でしたが、スピルでは、結果を求めるエリアが必要になり、より多くのセルを作業のために使う必要があります。

さらに、テーブル内ではスピルの計算式、関数を使うことができません。逆にテーブルをもとにしたスピルの計算式や関数は作成することができます。

3.10 名前機能

── 学習 ──

> セルやセル範囲に名前を付けることができます。名前機能をOFFSET
> 関数と組み合わせると、さらに便利になります。

テーブルは【名前ボックス】の下向き三角をクリックすると名前が表示され、その名前をクリックするとその範囲にジャンプ出来ました。これはそのテーブルの範囲が「名前」として登録されているからです。

実は、テーブルに設定しなくても、名前ボックスで選択できるように登録できます。それが名前機能です。

名前として登録したセルやセル範囲は、数式入力中に [F3] キーを押すと「名前のリスト」が表示され、選択した名前を数式内で利用することができます。

名前として登録できるものは、セルやセル範囲だけではなく数式も登録できます。特にOFFSET関数で登録した「テーブルの次の行に追加登録するための先頭セル」を示す「**=OFFSET($A$1,ROWS(案件)+1,0)**」のような計算式は、名前に登録しておくと、計算式ではなくその名前を名前ボックスに入力しただけで、次に追加登録するテーブルの次の行の先頭セルにジャンプすることができ、自動化するのに便利です。

　名前は、数式タブの名前の中の【名前の定義】で行います。

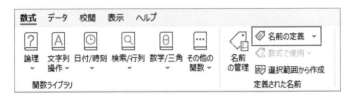

　名前機能で登録されたセルは自動的に絶対参照として登録されます。また計算式や関数を名前に登録する場合は、絶対参照の計算式を作成し、登録します。

　名前はそのブック全体で使えるものと、そのシートでしか使えないものの2種類を設定することができます。

第 **4** 章

計算式の作成

4.1 案件入力画面の設定

サンプル　before4-1.xlsx

─┤ 操作 ├─

計算式と関数をそれぞれのシートに設定し、自動化を進めていきます。
計算式で作った仕組みは後でマクロとVBAを使って更なる自動化を
していきますが、まずはマクロやVBAで自動化する部分を自動では
なく手作業で操作できるレベルまで作り込んでいきます。

ここからいよいよ実際に計算式を入力する操作をしていきます。

まず《案件入力》シートに案件のデータを入力する画面を設定します。《案件入力》シートは、新たな案件が発生したときに、その「案件番号」と「案件名」、「取引先」、「案件の開始日」を入力して「案件登録」という黒い四角形をクリックすれば、テーブル《tbl案件》の一番下の次のデータとして登録されるようにします。

	A	B	C	D	E
1					
2		案件番号			
3		案件名	動画配信システム	一覧へ	
4		取引先	JKL電子産業	案件登録	
5		開始日			
6					
7		案件番号	案件名	取引先	開始日
8					

新たに入力される「案件番号」は、今まで入力されている案件番号の次の番号になります。一回一回、案件一覧表からその番号を調べて次の数値を入力するというのは大変です。しかし、単純に次の番号ですから自動的に入力できそうですよね。さらに「開始日」も今日の日付が自動で入るようにしておけば入力の手間が省けます。

このような発想で、**自動でExcelが調べられるものは、入力しないでExcel**

に任せるようにすれば、面倒ではない操作の画面を作ることができます。

1.「案件番号」の計算式の作成

「案件番号」は一つ一つの案件を認識する番号で、一件ごとに重複しない番号を指定しておく必要があります。そこで、入力する「案件番号」を今まで入力された案件番号の中で一番大きな数字に「1」を足したものを指定することで、「案件番号」が重複しないようにします。求めるものは「最大値」ですので、「MAX関数」を利用します。

今回、最大値を求めるデータ範囲はテーブル《tbl案件》の項目「案件番号」です。《案件入力》シートのセル《C2》に、現在、案件一覧に入力されている案件番号で最も大きい数値を「MAX関数」で調べ、その番号に「1」を足す計算式を作成します。

セル《C2》に「=MAX(tbl案件[案件番号])+1」を入力します❶。

	A	B	C
1			
2		案件番号	=MAX(tbl案件[案件番号])+1
3		案件名	動画配信システム ❶
4		取引先	JKL電子産業
5		開始日	

▼ 動作確認

セル《C2》に「5」と表示されていることを確認します。

	A	B	C
1			
2		案件番号	5
3		案件名	動画配信システム
4		取引先	JKL電子産業
5		開始日	

2. 開始日の計算式の作成

　開始日は現在の日付にします。現在の日付（ここでは「2023/8/1」）は《メイン画面》シートのセル《B1》に入力されているので、この日付を《案件入力》シートのセル《C5》で参照する計算式を作成します。

　セル《C5》に「=メイン画面!B1」を入力します❶。

案件番号	5
案件名	動画配信システム
取引先	❶　　　JKL電子産業
開始日	=メイン画面!B1

▼ 動作確認

　セル《C5》に「2023/8/1」と表示されていることを確認します。

案件番号	5
案件名	動画配信システム
取引先	JKL電子産業
開始日	2023/8/1

3. 案件情報入力欄を追加する準備をする

　ここでは項目が縦方向に《案件入力》シートに記入された内容を、項目が横方向に記録されている《案件入力》シートに簡単にデータが追加できるように、縦横変換した結果を作成します。「縦横変換」は「TRANSPOSE関数」を使います。

　セル《B8》に「=TRANSPOSE(C2:C5)」を入力します❶。

▼ 動作確認

《B8からE8》のセル範囲に案件番号、案件名、取引先、開始日が表示されていることを確認します。

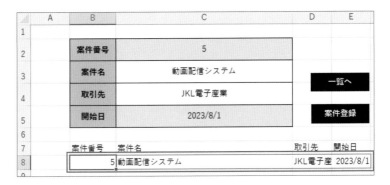

4. 案件新規登録先のセル設定　▼

　ここでは、《案件入力》シートに入力した内容を登録する《案件一覧》シート上のセルを調べます。

　現在、《案件一覧》シートには、2行目から5行目にかけて4件の案件が登録されています。次に登録するのは《A6からD6》のセル範囲です。データを貼り付けるためには先頭セルだけ選択すればいいので、セル《A6》を指定します❶。

	A	B	C	D
1	案件番号 ▾	案件名 ▾	取引先 ▾	開始日 ▾
2	1	POSレジシステム	株式会社A販	2023/7/15
3	2	医療支援システム	医療法人BCD	2023/7/22
4	3	業務管理システム	EF株式会社	2023/7/23
5	4	営業管理システム	辰寅工務店	2023/7/30
6		❶		
7				

　データを貼り付けるために指定するセルの位置は、テーブルの行数に応じて変わります。このように指定するセルの位置が変わる場合に使うのは、セルの位置を指定する特殊な関数である「OFFSET関数」と、セル範囲の行数を調べる「ROWS関数」の組み合わせです。入力済みの行の次の行を指定するので、「ROWS関数」で求めた行数に「1」を足す計算式になります。

　計算式をまとめると次のようになります。

=OFFSET(tbl案件[[#見出し],[案件番号]],ROWS(tbl案件)+1,0)

　計算式が複雑なので、慎重に入力しましょう。

　《案件一覧》シートのセル《G2》に「=OFFSET(tbl案件[[#見出し],[案件番号]],ROWS(tbl案件)+1,0)」を入力します❶。

A1	▾	:	×	✓	fx	=OFFSET(tbl案件[[#見出し],[案件番号]],ROWS(tbl案件)+1,0)

	A	B	C	D	E
1	案件番号 ▾	案件名 ▾	取引先 ▾	開始日 ▾	
2	1	POSレジシステム	株式会社A販	2023/7/15	
3	2	医療支援システム	医療法人BCD	2023/7/22	
4	3	業務管理システム	EF株式会社	2023/7/23	
5	4	営業管理システム	辰寅工務店	2023/7/30	
6					

POINT

この計算式は次の入力先の先頭セルの値を表示しています。現段階では、《案件一覧》シートに案件を次に登録する先頭のセル《A6》でその内容が空白なので「0」と表示されています。

	D	E	F	G
▾	開始日 ▾			
	2023/7/15			0
	2023/7/22			
	2023/7/23			
	2023/7/30			

セル《G2》をクリックすると数式バーに入力した計算式が表示されます❶。これを、数式バー上ですべて選択して [Ctrl] キーを押したまま [C] のキーを押してコピーします❷。

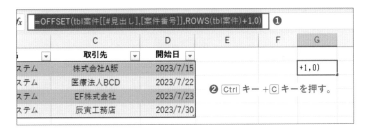

一旦、[ESC] キーを押します❶。数式バーの範囲選択が解除されます。

f_x	=OFFSET(tbl案件[[#見出し],[案件番号]],ROWS(tbl案件)+1,0)		

	C	D	❶ ESC キーを押す。	G
名 ▼	取引先 ▼	開始日 ▼		
システム	株式会社A販	2023/7/15		+1,0)
システム	医療法人BCD	2023/7/22		
システム	EF株式会社	2023/7/23		
システム	辰寅工務店	2023/7/30		

【名前ボックス】をクリックして❶、[Ctrl] キーを押したまま [V] のキーを押して貼り付けます❷。その後 [Enter] キーを押します❸。

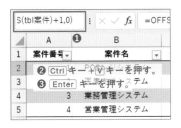

《案件一覧》シートのセル《A6》にジャンプすることを確認します。この「OFFSET関数」を使えば、毎回貼り付け先を指定できることがわかりました。

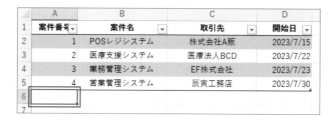

毎回、この計算式を名前ボックスにコピーするのは大変ですすし、そのようなイレギュラーなことをExcelがやることは難しいです。そこで、この計算式を「案件新規登録先」という名前で呼び出せるように名前機能で登録します。

【数式】タブをクリックし❶、【名前の定義】をクリックします❷。

【名前】に「案件新規登録先」を入力します❶。【参照範囲】のボックスに入力されているものを全て削除してから、【名前ボックス】をクリックして、Ctrl キーを押したまま V キーを押して貼り付けます❷。【OK】ボタンをクリックします❸。

《案件入力》シートを表示し、【名前ボックス】に「案件新規登録先」と入力します。

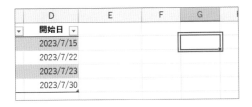

Enter キーを押したら、《案件一覧》シートのセル《A6》にジャンプすることを確認します。

	A	B	C	D
1	案件番号 ▼	案件名 ▼	取引先 ▼	開始日 ▼
2	1	POSレジシステム	株式会社A販	2023/7/15
3	2	医療支援システム	医療法人BCD	2023/7/22
4	3	業務管理システム	EF株式会社	2023/7/23
5	4	営業管理システム	辰寅工務店	2023/7/30
6				
7				

動作確認したら《案件一覧》シートのセル《G2》の計算式はもう不要ですので Delete キーでクリアします。

	D	E	F	G	
▼	開始日 ▼				
	2023/7/15				
	2023/7/22				
	2023/7/23				
	2023/7/30				

《見積一覧》シートの作成

サンプル　before4-2.xlsx

┤ 操 作 ├

［ 《見積一覧》シートと《商品一覧》シートのテーブル同士を関数で連結し、
蓄積されたデータの金額を計算する仕組みを作成します。 ］

　《見積一覧》シートでは、商品を販売する前に、お客様に提出する「見積書」を
作成します。

　一つの案件の販売では、いろいろな商品が何個ずつというように登録されま
すので、どの案件にどの「商品」が「何個」使われているかを記録していきます。

　現状では案件番号「2」の案件に10個の商品が登録されていきます。これから
案件番号「2」以外の案件のデータもここに追加していきます。

	A	B	C	D	E
1	通し番号	日付	案件番号	商品	個数
2	1	2023/8/1	2	医療支援システム	1
3	2	2023/8/1	2	POSレジ	1
4	3	2023/8/1	2	ネットワークHDD	1
5	4	2023/8/1	2	バックアップHDD	1
6	5	2023/8/1	2	サーバー	1
7	6	2023/8/1	2	高性能サーバー	1
8	7	2023/8/1	2	技術料A	20
9	8	2023/8/1	2	技術料B	30
10	9	2023/8/1	2	技術料C	20
11	10	2023/8/1	2	マウス	3
12					

　《見積一覧》シートにある、テーブル《tbl見積》には、商品の「単価」と、その
単価と個数の「計」が計算されていないため、それぞれの商品ごとの「合計金額」
を求めることができません。

　そこで、「VLOOKUP関数」を使い、テーブル《tbl商品》の内容から、「商品名」
で検索した「2」列目の単価を「完全一致」で求めます。

	A	B	C	D	E
1	通し番号▼	日付 ▼	案件番号▼	商品 ▼	個数 ▼
2	1	2023/8/1	2	医療支援システム	1
3	2	2023/8/1	2	POSレジ	1
4	3	2023/8/1	2	ネットワークHDD	1
5	4	2023/8/1	2	バックアップHDD	1
6	5	2023/8/1	2	サーバー	1
7	6	2023/8/1	2	高性能サーバー	1
8	7	2023/8/1	2	技術料A	20
9	8	2023/8/1	2	技術料B	30
10	9	2023/8/1	2	技術料C	20
11	10	2023/8/1	2	マウス	3

	A	B
1	商品 ▼	金額 ▼
2	POS管理システム	1,500,000
3	医療支援システム	2,500,000
4	営業支援システム	1,400,000
5	自動販売システム	1,800,000
6	大型ディスプレイ	280,000
7	タッチペン	15,000
8	マウス	5,000
9	トラックボール	15,000
10	バーコードスキャナ	20,000
11	音声入力端末	50,000
12	タブレット端末	70,000
13	クライアント	120,000
14	POSレジ	80,000
15	ネットワークHDD	150,000
16	バックアップHDD	100,000
17	サーバー	800,000
18	高性能サーバー	1,000,000
19	技術料A	5,000
20	技術料B	7,500
21	技術料C	10,000
22	出張費	12,000

これをまずは入力されている案件番号「2」の10商品に対し行います。

1. 商品単価の追加

《見積一覧》シートのセル《F1》に「単価」と入力し確定します❶。そうすると、テーブル《tbl見積》の《F列》に「単価」の列を作ることができます。

セル《F2》に「=VLOOKUP([@商品],tbl商品,2,FALSE)」を入力します❶。

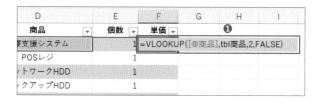

　計算式が確定します。テーブルの機能により《F2からF11》の「単価」の範囲にも一度に計算式が入力されます。

2. 計の追加

　《商品一覧》シートのセル《G1》に「計」を入力します❶。そうすると、テーブル《tbl見積》の《G列》に「計」の列を作ることができます。

セル《G2》に「=[@個数]*[@単価]」を入力します**❶**。

	D	E	F	G	H	
	商品 ▼	個数 ▼	単価 ▼	計 ▼		❶
2	医療支援システム	1	2500000	=[@個数]*[@単価]		
2	POSレジ	1	80000			
2	ネットワークHDD	1	150000			
2	バックアップHDD	1	100000			

計算式が確定し、《G列》の「単価」の範囲に計算式が入力されます。

D	E	F	G
商品 ▼	個数 ▼	単価 ▼	計 ▼
医療支援システム	1	2500000	2500000
POSレジ	1	80000	80000
ネットワークHDD	1	150000	150000
バックアップHDD	1	100000	100000
サーバー	1	800000	800000
高性能サーバー	1	1000000	1000000
技術料A	20	5000	100000
技術料B	30	7500	225000
技術料C	20	10000	200000
マウス	3	5000	15000

▼ 動作確認

シート《見積一覧》の《F2からG11》のセル範囲に次の数値が入力されていることを確認します。

	A	B	C	D	E	F	G
1	通し番号 ▼	日付 ▼	案件番号 ▼	商品 ▼	個数 ▼	単価 ▼	計 ▼
2	1	2023/8/1	2	医療支援システム	1	2500000	2500000
3	2	2023/8/1	2	POSレジ	1	80000	80000
4	3	2023/8/1	2	ネットワークHDD	1	150000	150000
5	4	2023/8/1	2	バックアップHDD	1	100000	100000
6	5	2023/8/1	2	サーバー	1	800000	800000
7	6	2023/8/1	2	高性能サーバー	1	1000000	1000000
8	7	2023/8/1	2	技術料A	20	5000	100000
9	8	2023/8/1	2	技術料B	30	7500	225000
10	9	2023/8/1	2	技術料C	20	10000	200000
11	10	2023/8/1	2	マウス	3	5000	15000

4.3 見積書フォーマットの作成

サンプル　before4-3.xlsx

操作

> 商品の単価を関数で連結し、見積書に計算式を設定します。テーブルの集計行機能で合計金額を計算し、印刷の設定も行います。

シート《見積書》は見積書の内容を入力するシートです。最終的には、入力したら《D列からG列》を元に見積書のPDFファイルを作成できるようにします。

後に納品書と請求書も作成しますが、はじめに**見積書をしっかり作っておいて、それをもとに納品書と請求書を作成**します。そこで、見積書を作成しやすいように、フォーマットの計算式と書式設定を行います。

「発行日」、「宛先」、「案件名」を組み合わせてPDFファイルを保存する「PDFファイル名」を計算式で求めます。

また、《見積書》シートのテーブル《tbl見積書》にはテーブル《tbl見積一覧》と同様に「単価」と「計」がありません。「計の合計」と「消費税額」と消費税込みの「総計」の計算も必要です。

その他、見積を登録、変更するために必要な計算式も追加していきます。

1. 見積書の発行日と案件番号の計算式の作成

《見積書》シートのセル《G1》に、「発行日」を表示する計算式を作成します。

本日の日付の元は、《メイン画面》シートのセル《B1》にあるので、この値を参照する計算式を求めます。

《見積書》シートのセル《G1》に「=メイン画面!B1」を入力します**❶**。

同様に、案件番号を表示する計算式を作成します。セル《I2》に「=メイン画面!H1」を入力します**❶**。

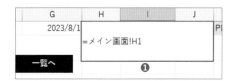

▼ 動作確認

《見積書》シートのセル《G1》に「2023/8/1」が表示されていることを確認します。

《見積書》シートのセル《I2》には「1」が表示されていることを確認します。

2. 見積書の宛先の計算式の作成

《見積書》シートのセル《D4》に、「宛先」を表示する計算式を作成します。

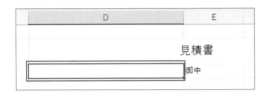

　今回の「探す値」は「案件番号」に対する「宛先」です。対して、「検索範囲」はテーブル《tbl案件》です。テーブル《tbl案件》の最左列は「案件番号」の項目になっています。そこで、「VLOOKUP関数」を使ってテーブル《tbl案件》からセル《I2》に入力されている「案件番号」を検索し、その「取引先」を表示します。

　「列番号」は、テーブル《tbl案件》の何列目のデータが欲しいかを指定します。今回は「取引先」の値が欲しいので「3」列目を指定します。

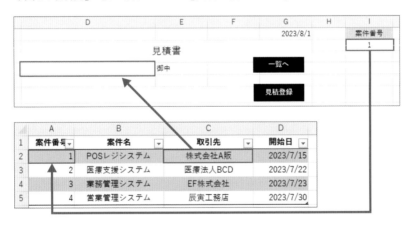

　《見積書》シートのセル《D4》に「=VLOOKUP(I2,tbl案件,3,FALSE)」を入力します❶。

❶

=VLOOKUP(I2,tbl案件,3,FALSE)

▼動作確認

セル《D4》に「株式会社A販」が表示されていることを確認します。

3. 見積書の件名の計算式の作成

《見積書》シートの宛先の計算式と同様に、セル《D6》に「件名」を求める計算式を作成します。

「VLOOKUP関数」を使ってテーブル《tbl案件》からセル《I2》に入力されている「案件番号」を検索しその「2」列目の値を作成します。

セル《D6》に「=VLOOKUP(I2,tbl案件,2,FALSE)」を入力します❶。

=VLOOKUP(I2,tbl案件,2,FALSE)

▼ 動作確認

セル《D6》に「POSレジシステム」と表示されることを確認します。

4. 一覧表範囲の単価の計算式の作成

《見積書》シートにはテーブル《tbl見積書》があります。

通し番号	日付	案件番号	商品	個数
			医療支援システム	2
			タブレット端末	11
			サーバー	16
			高性能サーバー	17
			技術料A	18
			技術料B	19
			出張費	2

　このテーブルには単価と計の欄がありません。テーブル《tbl見積書》のF列に単価の列を作成し、「VLOOKUP関数」を使って《見積書》シートの《F10からF16》のセル範囲に、テーブル《tbl商品》から「商品名」に対する「単価」を求める計算式を作成します。

まず、セル《F9》に「単価」と入力し❶、テーブルに「単価」の項目を追加します。

商品	個数	単価
医療支援システム	2	
タブレット端末	11	
サーバー	16	
高性能サーバー	17	
技術料A	18	
技術料B	19	
出張費	2	

❶

セル《D10》の値をテーブル《tbl商品》で検索し、その2列目を完全一致で求める計算式を作成します。セル《F10》に「=VLOOKUP([@商品],tbl商品,2,FALSE)」を入力します❶。

商品	個数	単価
医療支援システム		=VLOOKUP([@商品],tbl商品,2,FALSE)
タブレット端末	11	
サーバー	16	
高性能サーバー	17	
技術料A	18	
技術料B	19	
出張費	2	

❶

▼ 動作確認

セル《F10からF16》の値が次のようになっていることを確認します。

商品	個数	単価
医療支援システム	2	2,500,000
タブレット端末	11	70,000
サーバー	16	800,000
高性能サーバー	17	1,000,000
技術料A	18	5,000
技術料B	19	7,500
出張費	2	12,000

5. 一覧表範囲の通し番号の計算式の作成

《見積書》シートの《A10》からの範囲に、連続番号からなる「通し番号」を求める計算式を作成します。「通し番号」はその行の行番号の数値から「9」を引いたものとして求めることができるので、行番号を調べる「ROW関数」を使います。ROW関数は引数を指定しなければ、関数が入力されているセルの行番号を求めるようになっています。

《見積書》シートのセル《A10》に「=ROW()-9」を入力します❶。

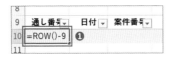

▼ 動作確認

セル《A10からA16》のセル範囲に、「1」から始まる連続番号が表示されていることを確認します。

6. 一覧表範囲の本日の日付の計算式の作成

《見積書》シートのセル《B10》からの範囲に、「本日の日付」が求められる計算式を作成します。

「本日の日付」はセル《G1》の値を参照する計算式で求めます。絶対参照で設定する必要があるので注意しましょう。

《見積書》シートのセル《B10》に「=$G$1」を入力します❶。

ここで、[Enter]キーで確定します。テーブルになっているので、《B10から
B16》のセル範囲に計算式が入ります。

▼動作確認

《B10からB16》のセル範囲の表示が「8月1日」になっていることを確認し
ます。

9	通し番号	日付	案件番号
10	1	8月1日	
11	2	8月1日	
12	3	8月1日	
13	4	8月1日	
14	5	8月1日	
15	6	8月1日	
16	7	8月1日	

7. 一覧表範囲の「案件番号」の計算式の作成 ▼

《見積書》シートの《C10からC16》のセル範囲に、「案件番号」が求められる計
算式を作成します。

「案件番号」は日付の項目の計算式と同様の方法で、セル《I2》の値を絶対参照
で参照します。

《見積書》シートの《C10》に「=$I$2」を入力します❶。

《C10からC16》のセル範囲に「1」が表示されていることを確認します。

8. 一覧表範囲の計の計算式の作成

《G10からG16》のセル範囲に、「個数」と「単価」をかけた「計」を求める計算式
を作成します。

まず、セル《G9》に「計」と入力し❶、テーブルに「計」の項目を追加します。

セル《G10》に「=[@個数]*[@単価]」を入力します❶。

次のように「計」の列の数値が求められていることを確認します。

	個数	単価	計
	2	2,500,000	5,000,000
	11	70,000	770,000
	16	800,000	12,800,000
	17	1,000,000	17,000,000
	18	5,000	90,000
	19	7,500	142,500
	2	12,000	24,000

9. 集計行の設定

ここでやっと見積書の合計額を求めることができるようになりました。

SUM関数で合計しなくても、テーブル範囲になっている【集計行】を設定し、合計を求めることができます。

テーブル《tbl見積書》を選択し❶、【テーブルデザイン】タブの中の【集計行】のチェックをクリックします❷。

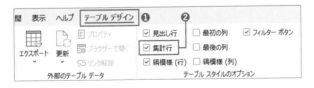

「集計行」が17行目に表示されます。

	個数	単価	計
	2	2,500,000	5,000,000
	11	70,000	770,000
	16	800,000	12,800,000
	17	1,000,000	17,000,000
	18	5,000	90,000
	19	7,500	142,500
	2	12,000	24,000
			35,826,500

セル《A17》の「集計」という文字を Delete キーでクリアします❶。

❶ Delete キーを押す。

セル《F17》に「小計」を入力します❶。

セル《F17》をクリックして❶、【ホーム】タブの【中央揃え】をクリックします
❷。

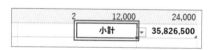

❶セル《F17》をクリックする。

「小計」の文字が左右の中央に揃います。

現在、合計が集計されているはずですが、念のためきちんと合計を集計する
設定を行います。セル《G17》の下向き三角をクリックして❶、【合計】をクリッ
クします❷。

▼ 動作確認

セル《G17》の値が「35,826,500」になっていることを確認します。

10. 消費税額と合計金額の計算式の作成 ▼

「消費税額」は、セル《F18》に10%の消費税率を入力し、それと集計行をかけて求めます。

さらに、《見積書》シートのセル《G19》に小計額に消費税額を足した数値を求める計算式を作成します。

まず、セル《F18》に「10%」と入力します❶。

2	12,000	24,000
	小計	**35,826,500**
	0	

POINT

表示は「0」になりますが、きちんと入力されています。「10%」は「0.1」ですが、【表示形式】が「小数点以下の数値」の設定になっているため、このような表示になります。

セル《F18》をクリックして数式バーを見てみると「0.1」と表示され、10%が入力されていることがわかります。

セル《G18》に「=F18*tbl見積書[[#集計],[計]]」を入力します❶。

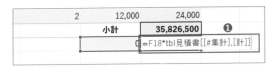

《見積書》シートのセル《F19》に「合計」を入力します❶。

　消費税額の計算と同様、《見積書》シートのセル《G19》にセル《G17》の「小計」とセル《G18》の「消費税額」を足した値を計算する数式を作成します。

　セル《G19》の計算式は「**=tbl見積書[[#集計],[計]]+G18**」です。掛け算ではなく足し算になることに注意してください。

▼ 動作確認

　セル《G18》に「3,582,650」と、セル《G16》に「39,409,150」と表示されていることを確認します。

11. 消費税と合計金額の書式設定

　《D18からG19》のセル範囲は、罫線や書式が設定されていないので、見積書を印刷したときの見た目がよくありません。

　小計の行の《D17からG17》のセル範囲と同じ書式で「罫線」や「太字」、「中央揃え」を設定します。そのために、「書式のコピー」を行います。

　まず、書式の元となるセル《D17からG17》のセル範囲を範囲選択します❶。

　【ホーム】タブの【書式のコピー/貼り付け】をクリックします❶。

書式を反映させる《D18からG19》のセル範囲をドラッグします❶。

1		出張費		2	12,000	24,000
					小計	35,826,500
					0	3,582,650
					合計	39,409,150

❶

すると、罫線や太字、中央揃えが反映します。

1		出張費		2	12,000	24,000
					小計	35,826,500
					0.1	3,582,650
					合計	39,409,150

次に、セル《F18》の表示を「消費税率（10%）」になるように表示形式を変更します。

本来、「消費税額（10%）」は文字列なので計算は出来ません。実は、値は「10%」の数値でありながら表示を「消費税額（10%）」にすることができ、消費税額を計算できます。

セル《F18》を選択します❶。

	2	12,000	24,000
		小計	35,826,500
❶		0.1	3,582,650
		合計	39,409,150

Ctrl キーを押したまま 1 のキーを押し❶、【セルの書式設定】ダイアログボックスを表示します。【表示形式】を選択して❷、【ユーザー定義】をクリックします❸。

【種類】に「消費税額(0%)」と入力し❶、【OK】ボタンをクリックします。

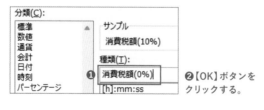

❷【OK】ボタンを
クリックする。

POINT

「(0%)」の「0」は「小数点以下なしの数
値表示」、「%」は「パーセンテージ表示」
という意味で、「小数点以下なしのパー
センテージ」という意味になります。

すると値は10%の数値のまま、「消費税額(10%)」と表示できます。

	2	12,000	24,000
	小計		35,826,500
	消費税額(10%)		3,582,650
	合計		39,409,150

セル《F18》を選択し、数式バーを見てみると、その正体は「10%」だということがわかります。

F18		✕ ✓ f_x	10%

12. 合計金額欄の計算式の作成

《見積書》シートのセル《D7》にセル《G19》の「合計金額」と同じ値を表示します。

さらに、「見積書」シートのセル《D7》の金額の表示形式を、「全角数字」の「金額：１００，０００円」の形式で表示する設定をします。特殊な表示方法なので「消費税額(10%)」の表示と同じく「ユーザー定義」の表示形式（172ページ参照）で書式設定します。

セル《D7》に「=G19」を入力します❶。

	見積書				
	株式会社A販	御中		一覧へ	
	❶	POSレジシステム		見積登録	
	=G19				
	商品		**個数**	**単価**	**計**
1	医療支援システム		2	2,500,000	5,000,000
1	タブレット端末		11	70,000	770,000
1	サーバー		16	800,000	12,800,000
1	高性能サーバー		17	1,000,000	17,000,000
1	技術料A		18	5,000	90,000
1	技術料B		19	7,500	142,500
1	出張費		2	12,000	24,000
				小計	35,826,500
				消費税額(10%)	3,582,650
				合計	39,409,150

《見積書》シートのセル《D7》をクリックします❶。

[Ctrl]キーを押したまま[1]のキーを押して❶、【セルの書式設定】ダイアログボックスを表示します。【表示形式】を選択して❷、【その他】をクリックします❸。【全角：桁区切り（１２，３４５）】を選択します❹。

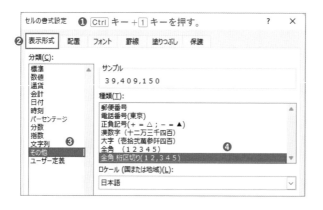

今度は【ユーザー定義】をクリックします❶。【種類】に「[DBNum3][$-ja-JP]#,##0」が設定してあります。ここに「金額：」と「円」を加えて、「[DBNum3][$-ja-JP]"金額："#,##0"円"」とします❷。【OK】ボタンをクリックします❸。

Tips

「消費税額（10%）」の設定では「""」を入力しなくても設定できたのですが、正式には追加する文字は「""」で囲む必要があります。このように複雑なユーザー書式設定では、追加の文字は正式に「""」で設定しないと設定できない場合があります。

▼ 動作確認

セル《D7》に「金額：39,409,150円」と表示されていることを確認します。

	見積書			
株式会社A販	御中		一覧へ	
	POSレジシステム		見積登録	
	金額：３９，４０９，１５０円			
	商品 ▾	個数 ▾	単価 ▾	計 ▾
1	医療支援システム	2	2,500,000	5,000,000

　このままテーブルに100件以上の商品を入力すると、1枚では収まらずに2枚以上の印刷が必要になります。その場合、**2枚目以降には商品名や個数、単価、計などの項目名が表示されず、列と項目の対応がわかりにくくなります。**

　もし入力している件数が1ページに収まらない場合でも、9行目の項目名は表示しておきたいです。また、複数ページがある場合は「ページ番号」も印刷してあるとわかりやすいので、その二つの設定をします。

　【ページレイアウト】タブを選択し❶、【印刷タイトル】をクリックします❷。

　【シート】が選択されていることを確認して❶、【タイトル行】をクリックし❷、9行目の見出しをクリックします❸。

そうすると【タイトル行】として「$9:$9」が入ります。これで2ページ以降の全ページの先頭行に9行目の内容が入ります。

次に「ページ番号」の設定をします。【ヘッダー / フッター】タブをクリックします❶。【フッター】の下向き三角をクリックし、【1/?ページ】を選択します❷。【OK】ボタンをクリックします❸。

POINT

ヘッダーとフッターの設定は印刷するすべてのページに反映されます。「ヘッダー」は用紙の上、「フッター」は用紙の下に入れる内容の設定です。今回はフッターに「現在のページ番号 / 全ページ数」が印刷されるように設定しました。

「見積書」のシートをそのまま印刷したりPDFファイルにしたりすると、《A列からC列》と《H列》以降の余計な範囲も印刷されてしまいます。見積書はセル《D1》から合計の数値のセル《G19》の範囲で作成します。この範囲だけを印刷する範囲とするため、「印刷範囲」の設定を行います。

まず、印刷する範囲である《D1からG19》のセル範囲を選択します❶。

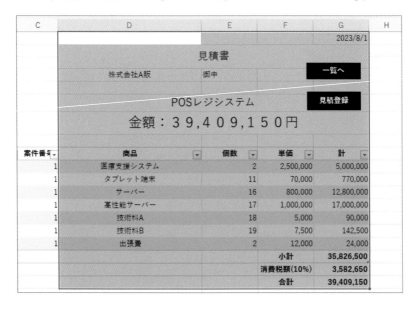

【ページレイアウト】タブを選択し❶、【印刷範囲】をクリックして❷、【印刷範囲の設定】をクリックします❸。

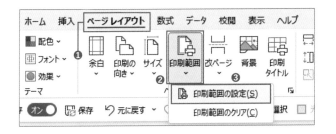

選択した範囲が印刷される範囲として設定されます。それを示す線もシート上に表示されています。

C	D	E	F	G	H
				2023/8/1	
	見積書				
株式会社A販	御中			一覧へ	
	POSレジシステム			見積登録	
金額：３９，４０９，１５０円					
案件番号	商品	個数	単価	計	
1	医療支援システム	2	2,500,000	5,000,000	
1	タブレット端末	11	70,000	770,000	
1	サーバー	16	800,000	12,800,000	
1	高性能サーバー	17	1,000,000	17,000,000	
1	技術料A	18	5,000	90,000	
1	技術料B	19	7,500	142,500	
1	出張費	2	12,000	24,000	
			小計	35,826,500	
			消費税額(10%)	3,582,650	
			合計	39,409,150	

ここで、一つ考えなければいけないことがあります。

印刷の範囲は、セル《D1》から始まるのは変わりませんが、「最終セル」はデータが入力されている行数によってセル《G19》ではなく、《G列》の他の行になる場合もあります。

そこで、現在の「合計」のセルであるセル《G19》に名前「印刷最終セル」を設定し、そこまでの範囲を名前「Print_Area」として「印刷範囲」に登録します。

「印刷範囲」は、実は元々「Print_Aria」という「名前」で登録されています。【数式】タブの【名前の管理】をクリックすると「Print_Area」があり、《見積書》シートの《D1からG19》のセル範囲に設定されています。

まず、セル《G19》を選択し❶、【データ】タブを選択して❷、【名前の定義】をクリックします❸。

【名前】に「印刷最終セル」と設定します❶。印刷範囲は《見積書》シートのみでよいので、【名前が有効な範囲】は範囲を「見積書」にします❷。【参照範囲】に「=見積書!$G$19」と入力されていることを確認し❸、【OK】ボタンをクリックします❹。

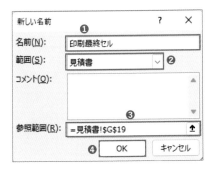

これでセル《D19》の「合計」のセルはデータの行数が変わっても、その行数に合わせた最終セルを表すことができるようになります。

次に名前「Print_Area」の範囲を変更します。【名前の管理】をクリックします❶。

「Print_Area」をクリックし❶、【参照範囲】を「＝見積書!$D$1: 印刷最終セル」に変更します❷。【決定ボタン】をクリックして❸、【閉じる】ボタンをクリックします❹。

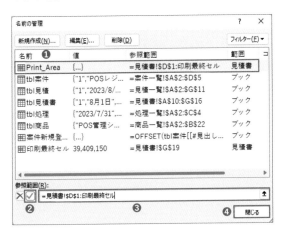

これで印刷される範囲が何行になったとしても、セル《D1》から集計行の下の合計の行まで印刷されることになりました。

セル《G3》付近とセル《G5》付近にある黒い四角の「図形」があります。
これは、クリックするとシート《メイン画面》に移動したり、見積内容を登録したりするように後から設定するボタンです。
この二つのボタンは印刷をしません。しかしこのままでは印刷されてしまうので、「印刷の対象から外す」設定をします。

セル《G3》にある「一覧へ」の四角形を右クリックし❶、【図形の書式設定】をクリックします❷。

画面左に表示される【図形の書式設定】作業ウィンドウの【図形のサイズ】の設定をクリックします❶。【プロパティ】の文字をクリックして❷、【オブジェクトを印刷する】のチェックを外します❸。

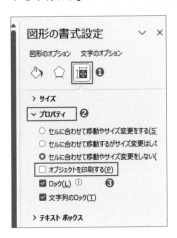

　これで「一覧へ」は印刷されなくなりました。
　同様に、セル《G5》にある「見積登録」の図形を選択して、【オブジェクトを印刷する】のチェックを外します。
　終わったら、【×ボタン】をクリックして【図形の書式設定】作業ウィンドウを閉じます❶。

【ファイル】タブの【印刷】をクリックして、《D1からG16》のセル範囲が印刷プレビュー（印刷される用紙そのものを表示している画面）として表示されていることを確認します。黒い四角形の図形が印刷されないことを確認します。

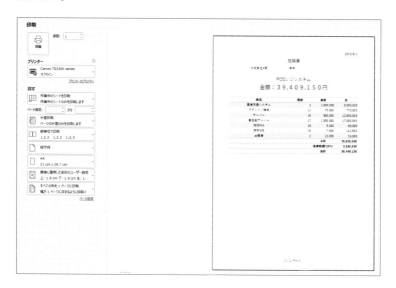

画面左上の丸付き左矢印をクリックして、元の画面に戻ります。

14. PDFファイル名の設定

《見積書》シートのセル《K2》に「見積書」の「PDFファイル」を出力したときの「ファイル名」を表す文字列を求めます。

ファイル名は「見積書ABC産業（案件番号1）.pdf」の形として作成します。

「見積書」の文字はセル《G2》、送付先の会社名はセル《D4》、案件番号はセル《I2》に入力されています。その他の文字「(案件番号」、「).pdf」は文字列として指定します。これらを「&」を使った文字列結合式で一つにまとめます。

《見積書》シートのセル《K2》に「=D2&D4&"(案件番号"&I2&").pdf"」を入力します❶。

▼ 動作確認

セル《K2》に「見積書株式会社A販(案件番号1).pdf」と表示されることを確認します。

15. データ読み出し計算式の作成

「見積書」は、「新規」に作成する場合と、テーブル《tbl見積》に登録してある見積書を読みだして「変更」する場合の二つの動作が必要になります。

新規の場合でも、読み出す場合においても、指定した案件番号の見積を「FILTER関数」でテーブル《tbl見積》から取り出し、その内容を《見積書》シート上のテーブル《tbl見積書》に貼り付けるということになります。

テーブル《tbl見積書》には、「商品名」と「個数」を入力すれば自動で「税込み金額」までの計算ができる仕組みがすでに作られています。「FILTER関数」の元データは、テーブル《tbl見積》の「商品名」と「個数」の2列だけを使って求めればよいです。

	A	B	C	D	E	F	G
1	通し番号 ▾	日付 ▾	案件番号 ▾	商品 ▾	個数 ▾	単価 ▾	計 ▾
2	1	2023/8/1	2	医療支援システム	1	2500000	2500000
3	2	2023/8/1	2	POSレジ	1	80000	80000
4	3	2023/8/1	2	ネットワークHDD	1	150000	150000
5	4	2023/8/1	2	バックアップHDD	1	100000	100000
6	5	2023/8/1	2	サーバー	1	800000	800000
7	6	2023/8/1	2	高性能サーバー	1	1000000	1000000
8	7	2023/8/1	2	技術料A	20	5000	100000
9	8	2023/8/1	2	技術料B	30	7500	225000
10	9	2023/8/1	2	技術料C	20	10000	200000
11	10	2023/8/1	2	マウス	3	5000	15000
12							

《見積書》シートのセル《I10》に「=FILTER(tbl見積[[商品]:[個数]],tbl見積[案件番号]=I2)」を入力します❶。

❶

```
=FILTER(tbl見積[[商品]:[個数]],tbl見積[案件番号]=I2)
```

▼ 動作確認

現状では、該当データがないため、「#CALC!」エラーになっています。

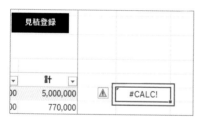

見積登録	

▾	計 ▾
)0	5,000,000
)0	770,000

⚠ #CALC!

《メイン画面》シートのセル《H1》の案件番号「1」を「2」に変更すると案件番号2の見積登録内容が以下のとおりに表示されることを確認します。

計 ▾		
5,000,000	医療支援システ	1
770,000	POSレジ	1
12,800,000	ネットワーク	1
17,000,000	バックアップ	1
90,000	サーバー	1
142,500	高性能サーバー	1
24,000	技術料A	20
35,826,500	技術料B	30
3,582,650	技術料C	20
39,409,150	マウス	3

確認したら《メイン画面》シートのセル《H1》の値を「1」に書き換え「#CALC!」エラーに戻ることを確認します。

4.4 納品書と請求書フォーマットの作成

サンプル　before4-4.xlsx

> 計算式や印刷の設定を行った見積書を元に、シートをコピーすることで納品書と請求書を効率良く作成します。

1. 納品書フォーマットの作成

《納品書》シートは、《見積一覧》シートに蓄積されたデータのうち、その案件のデータを呼び出して、そのまま PDF ファイルとして発行するシートです。《見積書》シートをコピーすればほぼそのまま使えます。

見積書は黄色のテーブルを設定しましたが、同じ色だと混乱するため、納品書はオレンジ色に設定します。またテーブル名を「tbl納品書」に変更します。

では、《見積書》シートのシート見出しを、Ctrl キーを押したまま少し右にドラッグします❶。

《見積書》シートがコピーされ《見積書 (2)》シートが新たに作成されます。

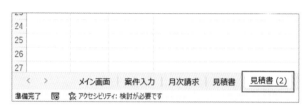

新たにコピーされた《見積書 (2)》シートのシート見出しを右クリックして❶、
【名前の変更】をクリックします❷。

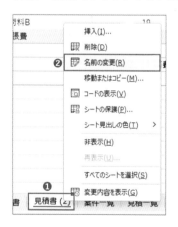

「納品書」と入力し❶、 Enter キーを押します❷。

《納品書》シートのセル《D2》に「納品書」を入力します❶。

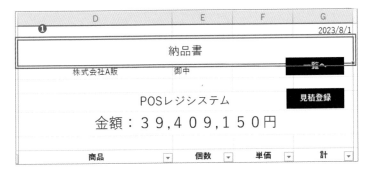

　テーブルの色を変更します。セル《A9》をクリックすると❶、リボンに【テーブルデザイン】タブが表示されるのでクリックします❷。リボンの中に【テーブルスタイル】が表示されるので、「薄いオレンジ、テーブルスタイル（淡色）3」をクリックします❸。

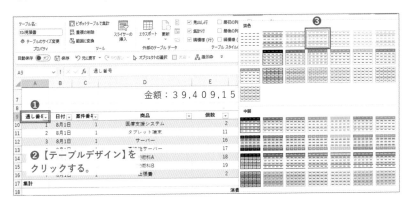

　テーブルがオレンジ色に変わります。

通し番号	日付	案件番号	商品	個数	単価	計
1	8月1日	1	医療支援システム	2	2,500,000	5,000,000
2	8月1日	1	タブレット端末	11	70,000	770,000
3	8月1日	1	サーバー	16	800,000	12,800,000
4	8月1日	1	高性能サーバー	17	1,000,000	17,000,000
5	8月1日	1	技術料A	18	5,000	90,000
6	8月1日	1	技術料B	19	7,500	142,500
7	8月1日	1	出張費	2	12,000	24,000

18行目の小計から19行目までの罫線が黄色のままなので、「消費税と合計金額の書式設定」のセクションと同じ方法で、《D17からG17》のセル範囲の書式を《D18からG19》のセル範囲に書式のコピーをします❶。

	商品 ▼	個数 ▼	単価 ▼	計 ▼
1	医療支援システム	2	2,500,000	5,000,000
1	タブレット端末	11	70,000	770,000
1	サーバー	16	800,000	12,800,000
1	高性能サーバー	17	1,000,000	17,000,000
1	技術料A	18	5,000	90,000
1	技術料B	19	7,500	142,500
1	❶ 出張費	2	12,000	24,000
			小計	35,826,500
			0.1	3,582,650
			合計	39,409,150

罫線がオレンジ色になりますが、消費税率を表示しているセル《F18》の表示の書式設定が解除されています。

セル《F18》を選択して❶、[Ctrl]キーを押したまま[1]キーを押します❷。

５ ▼	商品 ▼	個数 ▼	単価 ▼	計 ▼
1	医療支援システム	2	2,500,000	5,000,000
1	タブレット端末	11	70,000	770,000
1	サーバー	16	800,000	12,800,000
1	高性能サーバー	17	1,000,000	17,000,000
1	技術料A	18	5,000	90,000
1	技術料B	19	7,500	142,500
1	出張費	2	12,000	24,000
			小計	35,826,500
		❶	0.1	3,582,650
	❷ [Ctrl]+[1]キーを押す。		合計	39,409,150

【表示形式】タブで【ユーザー定義】をクリックして❶、書式の種類のスクロールを下の方にスクロールします。「"消""費""税""額"(0%)」が表示されるので選択して❷、【OK】ボタンをクリックします❸。

Tips

「"消""費""税""額"(0%)」は先ほど設定した「消費税額(0%)」の設定をExcelが最適化したものです。このように、ユーザー定義したものはリストに残るようになっています。

「消費税額(10%)」と表示されるようになりました。

2	12,000	24,000
❶ 小計		35,826,500
消費税額(10%)		3,582,650
合計		39,409,150

今度は【テーブルデザイン】タブの【テーブル名】を確認します。「tbl見積書2」になっているので、「tbl納品書」に変更します❶。

テーブル名: ❶

tbl納品書

納品書では「一覧へ」「見積登録」の黒いボタンは必要ありませんので、削除します。「一覧へ」を選択して❶、 Delete キーを押すと❷、削除されます。

❷ Delete キーを押す。

POINT

「一覧へ」の四角形の内側をクリックすると、文字の選択になってしまいます。黒い四角形の周りの線にしっかりマウスを合わせてクリックすると、図形が選択されます。

同様の方法で「見積登録」の黒いボタンも削除します。

▼ 動作確認

《メイン画面》シートを表示した状態で【名前ボックス】の下向き三角をクリックして「tbl納品書」をクリックします。《納品書》シートの《A10》から《G16》が選択されることを確認します。

金額：３９，４０９，１５０円

	通し番号	日付	案件番号	商品	個数	単価	計
7							
8							
9							
10	1	8月1日	1	医療支援システム	2	2,500,000	5,000,000
11	2	8月1日	1	タブレット端末	11	70,000	770,000
12	3	8月1日	1	サーバー	16	800,000	12,800,000
13	4	8月1日	1	高性能サーバー	17	1,000,000	17,000,000
14	5	8月1日	1	技術料A	18	5,000	90,000
15	6	8月1日	1	技術料B	19	7,500	142,500
16	7	8月1日	1	出張費	2	12,000	24,000
17						小計	35,826,500
18						消費税額(10%)	3,582,650
19						合計	39,409,150

2. 請求書フォーマットの作成 ▼

《請求書》シートは、《見積一覧》シートに蓄積されたデータのうち、その案件のデータを呼び出して、そのままPDFファイルとして発行するシートです。《納品書》シートをコピーすればほぼそのまま使えます。

見積書は黄色のテーブルを設定しましたが、同じ色だと混乱するため、請求書は青色に設定します。またテーブル名を「tbl請求書」に変更します。

では《納品書》シートのシート見出しを、Ctrl キーを押したまま《納品書》シートの見出しの少し右にドラッグします❶。

		メイン画面	案件入力	月次請求	見積書	納品書	案件一覧
23							
24							
25							
26							
27							

準備完了　　アクセシビリティ: 検討が必要です

Tips

もしも以下のメッセージが表示されたら、はいをクリックしてください。

Microsoft Excel ×

名前 "案件新規登録先" は既に存在します。この名前にする場合は [はい] をクリックします。移動またはコピーを行うために "案件新規登録先" の名前を変更する場合は、[いいえ] をクリックします。

はい(Y)　　すべて(A)　　いいえ(N)

《納品書》シートがコピーされ《納品書(2)》シートが作成されます。

　納品書フォーマットと同様の方法(142ページ参照)で、《納品書(2)》のシート名を「請求書」に変更します❶。

　《請求書》シートのセル《D2》を「請求書」に書き換えます❶。

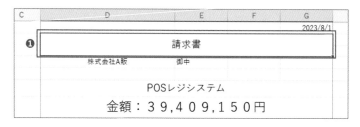

　テーブルの色を変更します。143ページと同様の方法で【薄い青,テーブルスタイル(淡色) 2】の色に変更します❶。

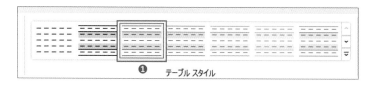

納品書フォーマットと同様の方法（144ページ参照）で、《D17からG17》のセル範囲の書式を《D18からG17》のセル範囲にも反映して、さらにセル《F18》のユーザー定義の表示形式を「消費税額（0%）」にします。

　テーブル名も納品書フォーマットと同様の方法（145ページ参照）で「tbl請求書」に変更します**❶**。

▼ 動作確認

【名前ボックス】の下向き三角をクリックして「tbl請求書」をクリックしたら、《請求書》シートの《A10》から《G16》が選択されることを確認します。

通し番号	日付	案件番号	商品	個数	単価	計
1	8月1日	1	医療支援システム	2	2,500,000	5,000,000
2	8月1日	1	タブレット端末	11	70,000	770,000
3	8月1日	1	サーバー	16	800,000	12,800,000
4	8月1日	1	高性能サーバー	17	1,000,000	17,000,000
5	8月1日	1	技術料A	18	5,000	90,000
6	8月1日	1	技術料B	19	7,500	142,500
7	8月1日	1	出張費	2	12,000	24,000
					小計	35,826,500
					消費税額(10%)	3,582,650

4.5 処理一覧の作成

サンプル　before4-5.xlsx

─┤ 操作 ├─

[見積以外の処理を行った日付を蓄積する《処理一覧》シートの設定を行います。]

　シート《処理一覧》では、処理の記録を行います。具体的には、「注文」「納品」「請求」「入金」の処理がいつ行われたかを記録します。ただし、「見積日」については《見積一覧》シートで管理されており、ここでは記録しません。

　「見積日」を《処理一覧》シートでも記録することも可能ですが、二重登録となる可能性があります。もし手違いで「見積一覧」と「処理一覧」で異なる日付が登録された場合、どちらが正しいのか判断が難しくなります。

　そのため、同じ意味を持つデータは原則的には1か所にのみ入力する方針が取られます。

　以上の理由から、《処理一覧》シートでは「注文」「納品」「請求」「入金」の処理日付を記録し、「見積日」については《見積一覧》シートで管理するようにします。

処理一覧の日付と案件番号の計算式の作成 ▼

　《処理一覧》シートのセル《E2》の日付に自動的に本日の日付が入るように設定します。本日の日付は《メイン画面》シートのセル《B1》の値を使います。

　セル《F2》には案件番号が入るように設定します。案件番号は《メイン画面》シートのセル《H1》の値を使います。

　《処理一覧》シートのセル《E2》に「=メイン画面!B1」を入力します❶。

番号	処理名		日付	案件番号	処理名
2	注文		=メイン画面!B1		請求
2	納品		❶		
2	請求				

《処理一覧》シートのセル《F2》に「=メイン画面!H1」を入力します❶。

	C	D	E	F	G
	処理名 ▼		日付	案件番号	処理名
2	注文		2023/8/1	=メイン画面!H1	
2	納品			❶	
2	請求				

▼ 動作確認

《処理一覧》シートのセル《E2》に「2023/8/1」、セル《F2》に「1」が表示され
ていることを確認します。

	A	B	C	D	E	F	G
1	日付 ▼	案件番号 ▼	処理名 ▼		日付	案件番号	処理名
2	2023/7/31	2	注文		2023/8/1	1	請求
3	2023/7/31	2	納品				
4	2023/7/31	2	請求				

4.6 商品名の一覧範囲の名前設定

サンプル　before4-6.xlsx

─┤ 操 作 ├─

《見積書》シートで商品名を簡単に選択するために、《商品一覧》シート
の商品名のデータに名前を設定します。

設定自体は後で行いますが、見積書の商品名欄は、商品名のセルをクリック
すると表示される下向き三角をクリックし、商品名リストから選択できるよう
にします。

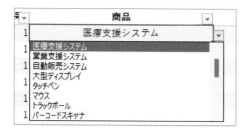

この商品名の選択は、商品が今後増えても、必ずテーブル《tbl商品》にある一覧表になるようになっていないといけません。

そのために、テーブル《tbl商品》の項目「商品名」の範囲を名前として登録しておく必要があります。

シート《商品一覧》を選択し❶、テーブル《tbl商品》の1列目のデータ範囲である《A2からA22》のセル範囲を選択します❷。

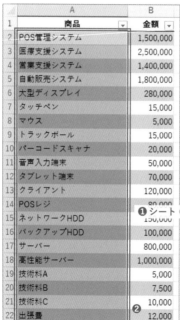

	A	B
1	商品	金額
2	POS管理システム	1,500,000
3	医療支援システム	2,500,000
4	営業支援システム	1,400,000
5	自動販売システム	1,800,000
6	大型ディスプレイ	280,000
7	タッチペン	15,000
8	マウス	5,000
9	トラックボール	15,000
10	バーコードスキャナ	20,000
11	音声入力端末	50,000
12	タブレット端末	70,000
13	クライアント	120,000
14	POSレジ	80,000
15	ネットワークHDD	150,000
16	バックアップHDD	100,000
17	サーバー	800,000
18	高性能サーバー	1,000,000
19	技術料A	5,000
20	技術料B	7,500
21	技術料C	10,000
22	出張費	12,000

❶ シート《商品一覧》を選択する。

【数式】タブを選択して❶、【名前の定義】をクリックします❷。

【名前】に「商品名」と入力し❶、【参照範囲】が「=tbl商品[商品]」になっていることを確認します❷。よければ【OK】ボタンをクリックします❸。

P・O・I・N・T
特に参照範囲が「=A2:A22」のようなセルの参照になっていると、商品の増減に対応できなくなります。慎重に確認してください。

このように名前を定義する際は、選択している範囲が入った状態で入ります。テーブルの適切な範囲を選択していれば、今回のようにテーブルとしての構造化参照が指定されます。

▼ 動作確認

いったんシート《メイン画面》を選択して、【名前ボックス】の下向き三角をクリックし「商品名」をクリックすると、シート《商品一覧》の《A2からA22》のセル範囲が選択されることを確認します。

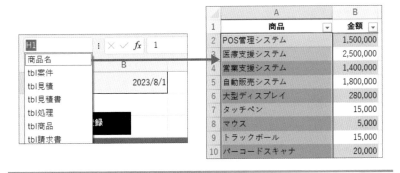

4.7 《案件一覧》シートの作成

サンプル　before4-7.xlsx

┤ 操 作 ├

《案件一覧》シートにすべてのデータを集約するために、関数の設定を
行います。

《案件一覧》シートは、案件の一覧を蓄積するシートです。

	A	B	C	D
1	案件番号	案件名	取引先	開始日
2	1	POSレジシステム	株式会社A販	2023/7/15
3	2	医療支援システム	医療法人BCD	2023/7/22
4	3	業務管理システム	EF株式会社	2023/7/23
5	4	営業管理システム	辰寅工務店	2023/7/30

　案件ごとのデータを計算し、その結果できた一覧表をメイン画面で表示する
ので、その元データという役割もあります。

　《案件入力》シートのテーブル《tbl案件》にテーブル《tbl見積》とテーブル《tbl
処理》内容を集計し、見積で設定された「金額」「見積日」「注文日」「納品日」「請
求日」「入金日」、現在どの段階まできているかを表す「状態」の列を追加し、計
算していきます。

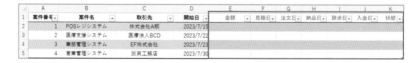

1. 金額の計算

　「金額」はテーブル《tbl見積》のうち「指定した案件番号」の「計の合計」を
「SUMIF関数」で求めます。

《案件》シートのセル《E1》に「金額」を入力します❶。そうすると、テーブル《tbl案件》の《E列》に「金額」の列が作られます。

《案件入力》シートのセル《E2》に「=SUMIF(tbl見積[案件番号],[@案件番号],tbl見積[計])」を入力します❶。

《E列》の金額の範囲に計算式が求まります。テーブル《tbl見積》には案件番号「2」しか入力されていないので、案件番号「2」以外は「0」になります。

▼ 動作確認
セル《E2》が「5,170,000」になっていることを確認します。

2. 見積日の計算

　テーブル《tbl見積》に入力されている見積日は一つの案件に対する商品の
データすべてに同じ日付が入ります。

	A	B	C	D
1	通し番号	日付	案件番号	商品
2	1	2023/8/1	2	医療支援システム
3	2	2023/8/1	2	POSレジ
4	3	2023/8/1	2	ネットワークHDD
5	4	2023/8/1	2	バックアップHDD
6	5	2023/8/1	2	サーバー
7	6	2023/8/1	2	高性能サーバー
8	7	2023/8/1	2	技術料A
9	8	2023/8/1	2	技術料B
10	9	2023/8/1	2	技術料C
11	10	2023/8/1	2	マウス

　この仕組みでは、一つの案件につき複数の商品がある場合でも、すべての商
品の見積日は必ず同じ日付になります。ただし、何らかのトラブルが発生した
場合には、直接テーブル《tbl見積》に入力しデータを変更することがあります。
その際には、異なる日付が設定される可能性があります。

　このような場合でも、案件ごとに「見積日」として代表的な日付を考える必要
があります。最も適切な日付としては、その案件の見積日の中で最も新しい（最
大の）日付が適していると考えます。最終日付は最大の日付でもありますので、
「指定した案件」の「最大値」を求めるために、「MAXIFS関数」を選択します。

　《案件入力》シートのセル《F1》に「見積日」を入力します❶。そうすると、テー
ブル《tbl案件》のF列に「見積日」の列が作られます。

	A	B	C	D	E	F
1	案件番号	案件名	取引先	開始日	金額	見積日
2	1	POSレジシステム	株式会社A販	2023/7/15	0	
3	2	医療支援システム	医療法人BCD	2023/7/22	5,170,000	
4	3	業務管理システム	EF株式会社	2023/7/23	0	
5	4	営業管理システム	辰寅工務店	2023/7/30	0	

❶

　《案件入力》シートのセル《F2》に「=MAXIFS(tbl見積[日付],tbl見積[案件番
号],[@案件番号])」を入力します❶。

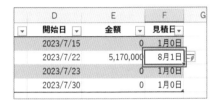

	D	E	F	G	H	I	J	K
	開始日	金額	見積日					
	2023/7/15	0	=MAXIFS(tbl見積[日付],tbl見積[案件番号],[@案件番号])					
	2023/7/22	5,170,000			❶			
	2023/7/23	0						
	2023/7/30	0						

テーブル《tbl見積》には案件番号2しか入力されていないので、案件番号2以外は0を表す日付の「1900年1月0日」になり、表示上は年がない月と日の表示になります。

▼ 動作確認

セル《F2》が「8月1日」になっていることを確認します。

	D	E	F	G
	開始日	金額	見積日	
	2023/7/15	0	1月0日	
	2023/7/22	5,170,000	8月1日	
	2023/7/23	0	1月0日	
	2023/7/30	0	1月0日	

3. 注文日の計算

「注文日」は、テーブル《tbl処理》の中で指定した案件番号と処理名が「注文」となる日付の中で、最終日付を「MAXIFS関数」を使用して求めます。

テーブル《tbl処理》には、同じ案件に対して複数の日付が蓄積される可能性があります。つまり、同じ案件番号でも複数の「注文」処理が行われた場合、異なる日付が二重登録されることがあります。

しかし、最終日付を求めるため、最後に登録された日付を取得することが重要です。このため、「MAXIFS関数」を使用して、登録された日付の中で最大の日付を求めます。

以上の方法を使って、「注文日」を求めることができます。注文日を求める条件は、テーブル《tbl処理》のうち、指定した「案件番号」で、「処理」が「注文」という二つの条件です。

《案件》シートのセル《G1》に「注文日」を入力します❶。そうすると、テーブル《tbl案件》の《G列》に「注文日」の列が作られます。

❶

《案件入力》シートのセル《G2》に「=MAXIFS(tbl処理[日付],tbl処理[案件番号],[@案件番号],tbl処理[処理名],"注文")」を入力します❶。

❶

テーブル《tbl処理》には案件番号2しか入力されていないので、案件番号2以外は0を表す日付の「1900年1月0日」になり、表示上は年がない月と日の表示になります。

▼ 動作確認
セル《F2》が「7月31日」になっていることを確認します。

D	E	F	G
開始日	金額	見積日	注文日
2023/7/15	0	1月0日	1月0日
2023/7/22	5,170,000	8月1日	7月31日
2023/7/23	0	1月0日	1月0日
2023/7/30	0	1月0日	1月0日

4. 納品日から入金日までの計算

「納品日」、「請求日」、「入金日」は、「注文日」と同じくテーブル《tbl処理》の
うち指定した案件番号で、処理名がそれぞれのものの日付の最大値を「MAXIFS
関数」で求めます。

計算式は注文日の計算式と同じになるため、注文日の計算式が入力されてい
るセルからコピーし、計算式の内容で条件が「注文」となっている部分を、それ
ぞれ「納品」「請求」「入金」と変更するだけでよいです。

まずは、《案件入力》シートのセル《H1》、《I1》、《J1》に「納品日」「請求日」「入
金日」と入力し、3項目を追加します❶。

《案件入力》シートのセル《G2》をクリックし❶、Ctrlキーを押したままC
キーを押し❷、コピーします。

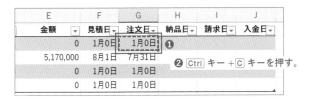

続いて、《H2からJ2》のセル範囲を選択します❶。

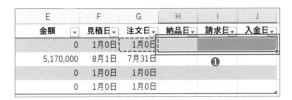

[Ctrl] キーを押したまま [V] キーを押し❶、貼り付けると《H2 から J5》のセル範囲に計算式が貼り付きます。

❶ [Ctrl] キー + [V] キーを押す。

セル《H2》をダブルクリックして表示された計算式の「"注文"」を「"納品"」に変更します❶。

F	G	H	I	J	K	L	M	N	O
見積日	注文日	納品日	請求日	入金日					❶
1月0日	1月0日	=MAXIFS(tbl処理[日付],tbl処理[案件番号],[@案件番号],tbl処理[処理名]							"納品")
8月1日	7月31日	MAXIFS(最大範囲, 条件範囲1, 条件1, [条件範囲2, 条件2], [条件範囲3, 条件3], ...)							
1月0日	1月0日	1月0日	1月0日	1月0日					
1月0日	1月0日	1月0日	1月0日	1月0日					

[Enter] キーを押すと❶、「納品日」の列に計算式が入り計算結果が表示されます。

F	G	H	I	J
見積日	注文日	納品日	請求日	入金日
1月0日	1月0日	1月0日	1月0日	1月0日
8月1日	7月31日	7月31日	7月31日	7月31日
1月0日	1月0日	1月0日	1月0日	1月0日
1月0日	1月0日	1月0日	1月0日	1月0日

❶ [Enter] キーを押す。

同じ方法で、「請求日」と「入金日」を変更します。セル《I2》とセル《J2》の計算式の「"注文"」をそれぞれ「"請求"」、「"入金"」にしましょう❶。

請求日と入金日の列に計算式が入り計算結果が表示されます。テーブル《tbl処理》にはどの案件の入金日も登録されていないので、入金日の列はすべて「1月0日」になります。

▼ 動作確認

シート《処理一覧》にあるテーブル《tbl処理》にデータを足し、シート《案件一覧》の内容がどのように変わるか確認します。

シート《処理一覧》のセル《A5からC8》までのセル範囲に次の案件番号「2」のデータを4行追加します。

日付	案件番号	処理名
2023/8/2	2	注文
2023/8/4	2	納品
2023/8/6	2	請求
2023/8/8	2	入金

	A	B	C
1	日付	案件番号	処理名
2	2023/7/31	2	注文
3	2023/7/31	2	納品
4	2023/7/31	2	請求
5	2023/8/2	2	注文
6	2023/8/4	2	納品
7	2023/8/6	2	請求
8	2023/8/8	2	入金

テーブル《tbl処理》には案件番号「2」は二重登録されていますが、後の日付の方が最終日付になります。

シート《案件一覧》のセル《G3》から「8月2日」「8月4日」「8月6日」「8月8日」になっていることを確認します。

E	F	G	H	I	J
金額	見積日	注文日	納品日	請求日	入金日
0	1月0日	1月0日	1月0日	1月0日	1月0日
5,170,000	8月1日	8月2日	8月4日	8月6日	8月8日
0	1月0日	1月0日	1月0日	1月0日	1月0日
0	1月0日	1月0日	1月0日	1月0日	1月0日

では、案件番号「1」のデータではどうでしょうか。シート《処理一覧》の《A9からC9》のセル範囲に次の案件番号1のデータを1行追加します。

日付	案件番号	処理名
2023/8/3	1	注文

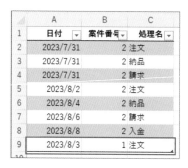

シート《案件一覧》では、セル《G2》が「8月3日」になっていることを確認します。

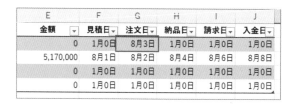

5. 状態の計算

作業の進捗状況を表示するために、次の条件に基づいて状態を判断します。

1. 「入金日」が求まっていれば、「完了」とします。
2. そうではなく、「請求日」が求まっていれば、「入金前」とします。
3. そうではなく、「納品日」が求まっていれば、「請求前」とします。
4. そうではなく、「注文日」が求まっていれば、「納品前」とします。
5. そうではなく、「見積日」が求まっていれば、「注文前」とします。
6. いずれにも該当しない場合は、「見積前」とします。

条件に基づいて状態を判定するために、複数条件を処理するための「IFS関数」を使用します。

　日付を求めるために使用した、「MAXIFS関数」は、条件に当てはまるデータがない場合は「0」になります。「0」はExcelが「0日目」と認識するため、「1900年1月0日」という日付が表示されています。この「0」かどうかの条件を使って、日付が求まっているかどうかを判定します。

　まず、《案件入力》シートのセル《K1》に「状態」を入力します❶。そうすると、テーブル《tbl案件》の《K列》に「状態」の列を作ることができます。

E	F	G	H	I	J	K
金額 ▼	見積日▼	注文日▼	納品日▼	請求日▼	入金日▼	状態 ▼
0	1月0日	8月3日	1月0日	1月0日	1月0日	
5,170,000	8月1日	8月2日	8月4日	8月6日	8月8日	
0	1月0日	1月0日	1月0日	1月0日	1月0日	
0	1月0日	1月0日	1月0日	1月0日	1月0日	

　《案件入力》シートのセル《K2》に「=IFS([@入金日]>0,"完了",[@請求日]>0,"入金前",[@納品日]>0,"請求前",[@注文日]>0,"納品前",[@見積日]>0,"注文前",TRUE,"見積前")」を入力します❶。

E	F	G	H	I	J	K	L	M	N	O	P	Q
金額 ▼	見積日▼	注文日▼	納品日▼	請求日▼	入金日▼	状態 ▼						
=IFS([@入金日]>0,"完了",[@請求日]>0,"入金前",[@納品日]>0,"請求前",[@注文日]>0,"納品前",[@見積日]>0,"注文前",TRUE,"見積前")												
5,170,000	8月1日	8月2日	8月4日	8月6日	8月8日	完了		❶				
0	1月0日	1月0日	1月0日	1月0日	1月0日	見積前						
0	1月0日	1月0日	1月0日	1月0日	1月0日	見積前						

▼ 動作確認

セル《K2》が「納品前」、セル《K3》が「完了」になっていることを確認します。

	F	G	H	I	J	K
▼	見積日▼	注文日▼	納品日▼	請求日▼	入金日▼	状態 ▼
0	1月0日	8月3日	1月0日	1月0日	1月0日	納品前
000	8月1日	8月2日	8月4日	8月6日	8月8日	完了
0	1月0日	1月0日	1月0日	1月0日	1月0日	見積前
0	1月0日	1月0日	1月0日	1月0日	1月0日	見積前

4.8 月次請求書の計算式の作成

サンプル　before4-8.xlsx

┤ 操 作 ├

> 対象月の請求書を一度にすべて印刷する仕組みに、対象月を判別する
> ように計算式を設定します。さらに、その対象月に請求する案件番号
> をリストするように設定します。

「請求書」は1回1回作製する場合もありますし、前月に納品した請求書を月の初めに一度に作成する場合もあります。

《月次請求書》シートは、その月の初めに一度に請求書を作成するために使うシートです。

「納品日」が「何年」「何月」なのかを指定し、「月次請求開始」ボタンをクリックするだけで、前月の請求書を一度に作成する仕組みを自動化します。そのために、必要な計算式をシートに作成します。

まず、請求書発行の対象となる「処理期間」の「開始日」を求めるために、セル《B6》に計算式を作成します。セル《B2》の値を年、セル《B3》の値を月、日は1として、日付を求める計算式を日付を求める「DATE関数」を使って設定します。これにより、指定された年と月から処理期間の開始日が求められます。

セル《B6》に「=DATE(B2,B3,1)」を入力します❶。

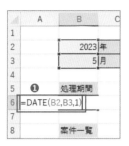

「2023年5月1」日が、年は表示されずに「5月1日」と表示されています。これは、表示形式が年を抜いた月と日だけの表示に設定してあるので問題ありません。

	A	B	
1			
2		2023	年
3		5	月
4			
5		処理期間	
6		5月1日	
7			
8		案件一覧	

次に「期間の終わりの日」をセル《D6》に求めます。開始日はセル《B6》に入っているので、その月の「月末日」を求めます。

月末日を求めるのは「EOMONTH関数」で、どの日付の月末日を求めるかのほかに、何か月後という引数も指定する必要があります。今回はセル《B6》に対して当月なので「0か月後」なので、「0」を指定します。

セル《D6》に「=EOMONTH(B6,0)」を入力します❶。

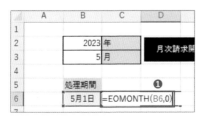

「5月31日」と表示されます。

　次に「先月に納品した案件の一覧」をセル《B9》より下にリストします。テーブル《tbl案件》のうち、「納品日」が処理期間内で、「状態」が「請求前」のものを「FILTER関数」で抽出します。抽出するのは、どの案件かわかればいいので「案件番号」だけです。

　「FILTER関数」の抽出条件が複数あるので、抽出条件の設定に気を付けます。一つもなかった場合は「なし」と表示しましょう。

　ちょっと計算式が複雑になるので、初めに計算式を考えておきましょう。「FILTER関数」は次の書式になります。

= FILTER(元データ,抽出条件,見つからなかった時)

　今回、元データは「案件番号」だけを出すのでテーブル《tbl案件》の「案件番号」のみを指定します。
　抽出条件は三つあります。

・テーブル《tbl案件》の「納品日」 >= セル《B5》の処理期間の「開始日」
・テーブル《tbl案件》の「納品日」 <= セル《B5》の処理期間の「最終日」
・テーブル《tbl案件》の状態 ＝「請求前」

　この三つを「()」で囲み、その三つを「なおかつ条件」なので、「*」で結び、最後に全体を「()」で囲みます。

　セル《B9》に「=FILTER(tbl案件[案件番号],((tbl案件[納品日]>=B6)*(tbl案件[納品日]<=D6)*(tbl案件[状態]="請求前")),"なし")」を入力します❶。

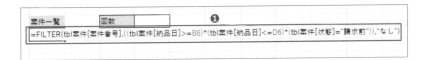

案件一覧		回数		❶
=FILTER(tbl案件[案件番号],((tbl案件[納品日]>=B6)*(tbl案件[納品日]<=D6)*(tbl案件[状態]="請求前")),"なし")				

このシートの設定では、最終的にVBAによる自動化で請求書が繰り返し作成されます。抽出された「案件の数」を数え、それを請求書作成の「繰り返し回数」とします。求める先はセル《E8》です。

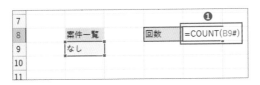

セル《B9》に求められた「案件番号の数」を数えます。案件番号は数値なので、数値の個数を数える「COUNT関数」を使います。セル《B9》の「案件番号」は「FILTER関数」でスピルの範囲になっていますので、「B9#」と指定することで、「FILTER関数」の抽出した範囲を指定できます。

セル《E8》に「=COUNT(B9#)」を入力します❶。

7				❶
8	案件一覧		回数	=COUNT(B9#)
9	なし			
10				
11				

セル《E8》に計算結果が出ます。現段階では抽出結果が一つも見つからないので「なし」の文字データが表示されています。セル《B9》からのスピル範囲に数値データは0個なので、0と表示されます。

7			
8	案件一覧	回数	0
9	なし		
10			

▼ 動作確認

セル《B2》に「2023」、C2に「7」と入力したときに、セル《E2》に「2023/7/1」、
セル《F2》に「2023/7/31」と表示されることを確認します。
シート《処理一覧》の《A10からC11》のセル範囲に次の案件番号3と4のデー
タをそれぞれ1行追加します。

日付	案件番号	処理名
2023/7/15	3	納品
2023/7/23	4	納品

	A	B	C
1	日付	案件番号	処理名
2	2023/7/31	2	注文
3	2023/7/31	2	納品
4	2023/7/31	2	請求
5	2023/8/2	2	注文
6	2023/8/4	2	納品
7	2023/8/6	2	請求
8	2023/8/8	2	入金
9	2023/8/3	1	注文
10	2023/7/15	3	納品
11	2023/7/23	4	納品

シート《月次請求》のセル《B9》と《B10》には案件番号3と4が抽出されてい
ます。セル《E8》にはその件数が「2件」となっています。

このシートは現時点では、具体的な動作をするものではありませんが、後
で、自動化の仕組みを付けることによって、ものすごい効果のある自動化
をします。

4.9 《メイン画面》シートの作成

サンプル　before4-9.xlsx

─┤ 操 作 ├─

案件の一覧を一目で把握する《メイン画面》シートの設定を行い、指定した状態の案件のみ表示するようにします。

《メイン画面》シートは、すべての案件を見やすく表示し、セル《B1》に設定された「日付」をもとに、「見積書」、「納品書」、「請求書」の「発行日」を設定したり、「注文」や「入金」処理の「日付」を設定したりします。「操作の起点」となるシートです。

セル《H1》に設定された案件番号をもとに、「見積」、「注文」、「納品」、「請求」、「入金」の各処理を行います。

最終的な完成は次のような形を目指していきます。

また、《メイン画面》シート全体では、テーブル《tbl案件》の内容を表示し、それぞれの「状況」のものだけを「FILTER関数」で取り出して表示します。条件は、セル《I1》に「注文前」や「完了」と記した内容を使って絞り込みます。全項目を表示する場合には、セル《I1》を空欄として、もし空欄の場合は「FILTER関数」を使用せずにテーブル《tbl案件》をそのまますべて表示するという「IF関数」での分岐の計算式とします。「FILTER関数」の結果、1件も見つからない場合は「空白」とします。

セル《A5》に計算式「=IF(I1="",tbl案件 ,FILTER(tbl案件 , tbl案件 [状態]=I1,""))」を入力します❶。

=IF(I1="",tbl案件,FILTER(tbl案件,tbl案件[状態]=I1,"")) ❶

▼ 動作確認

セル《I1》に「請求前」と入力すると、案件番号3と4の案件が表示されることを確認してください。

確認したら、セル《I1》に「請求前」を Delete キーで消し、案件番号1から4が表示されることを確認します。

仕組みとしてはこれで完成ですが、現時点のシート《メイン画面》の表示のおかしなところや、色分けなどは、以降のセクションの中で書式を設定し修正していきます。

第 **5** 章

仕組み作りを支える
Excelの機能

5.1 ユーザー定義の表示形式

サンプル before5-1.xlsx

学習

> Excelで仕組みを作ろうとすると、マクロやVBAが必要になると考えがちですが、Excelに元からある機能をそのまま使っただけでも便利になります。

「セルの書式設定」では、「数値」や「日付」、「文字列」の書式設定を行うことができました。《見積書》シートの「金額」の「総額」の設定では、セルの値の数値に対し、「全角数値」にして「金額：」「円」という文字を入れるという特殊な表示形式の設定ができました。

このように、「セルの書式設定」を使えば数多くの特殊な設定ができます。その設定を使用し、未処理のために金額が「0」になっているセル、シート「メイン画面」の日付が「1月0日」と表示されているセルの値が非表示になる設定をします。

《メイン画面》シートでは、セルの書式設定は列ごとに行われます。しかし、表示されている行数までではなく、常に下方向に追加されていくため、どこまで行が増えるかわかりません。そのため、設定がなくなってしまう可能性があります。

ただし、《H列》については特殊なケースです。《5行目》以降は「日付」であり、《H1》だけが数値です。この場合、《H列》全体に書式設定を適用した後、個別

に《H1》の書式を設定します。

　また、セルに表示されている「0」や「1月0日」を非表示にするためには、「ユーザー定義の書式設定」を使用します。

書式設定の便利な定義の仕方

　「ユーザー定義の書式設定」にはあらかじめ登録されている設定があります。これを見ると次のような設定を見つけることができます。

#,##0;-#,##0

例えばあるセルにこの設定を適用すると、そのセルに入力された文字は以下のとおりに表示されます。

・**正の値**：桁区切りの数字が表示されます（例：「5000」と入力→「5,000」と表示）。
・**負の値**：マイナスが付いた桁区切りの数字が表示されます（例：「-2000」と入力→「-2,000」と表示）。
・**0**：セルは空白のまま表示されます。
・**文字列**：特に指定がないため、セルの値そのままが表示されます。

　このように、「ユーザー指定の書式設定」では、一つの設定でセルの表示を「正の値」、「負の値」、「0」、「文字列」の四つに分けて指定することができます。書式設定内では、「;」を使用してそれぞれの書式を区切ります。

　ほかの例を見てみましょう。次の設定の場合、セルの値はどのように表示されるでしょうか。

#,##0;-#,##0;"ゼロ";"『"@"』"

　この場合、セルの表示は以下のようになります。

・**正の値**：桁区切りの数字が表示されます（例：「5000」と入力→「5,000」と表示）。
・**負の値**：マイナスが付いた桁区切りの数字が表示されます（例：「-2000」と入力→「-2,000」と表示）。
・**0の場合**：「ゼロ」という文字列が表示されます。
・**文字列**（**例：りんご**）：「りんご」という文字列が太かぎかっこでくくられた「『りんご』」として表示されます。

　このように、ユーザー指定の書式設定を使用することで、セルの値に応じて柔軟に表示を変更することができます。

金額と日付の表示を設定する ▼

> ユーザー定義の書式設定の操作をしましょう。ここでは金額と日付が
> 正しく表示されるように、【セルの書式設定】に設定を入力します。

《E列》には以下の表示の設定が必要です。

- **正の値**：桁区切りの数字が表示されます。
- **負の値**：マイナスが付いた桁区切りの数字が表示されます。
- **0の場合**：表示しません。
- **文字列**：文字列をそのまま表示します。

負の値が入ることはありませんが、念のために設定します。

まず、《E列》の「金額」の書式設定から設定していきます。《E列》の列見出し
をクリックし❶、《E列》全体を範囲選択します。

【セルの書式設定】を開いて設定していきます。Ctrl キーを押したまま 1 の
キーを押し、【セルの書式設定】ダイアログボックスを表示します。【表示形式】
タブをクリックして❶、左の一覧から【ユーザー定義】をクリックします❷。【種
類】のボックスに「#,##0;-#,##0;;@」と入力し❸、【OK】ボタンをクリックしま
す❹。

「桁区切りの数値」で、見積が入力されている案件番号2以外は空欄になっています。

今度は日付の部分の設定です。日付の表示における設定では、年月日の英語の先頭文字を使って「y」で年、「m」で月、「d」で日付の表示の指定をします。

　設定としては、日付は正の値だけ指定します。Excelにおいて「1900年の1月1日」が日付の1日目とされるため、それにもとづくと「1900年1月0日」は0日目となります。そのため、日付を数値として考えると「1月0日」は数値の「0」として扱われるので「0の場合は空白にする」設定をします。つまり、「m月d日;;」とすればよいです。

　《F列からJ列》までの列見出しをドラッグし❶、《F列からJ列》を範囲選択します。

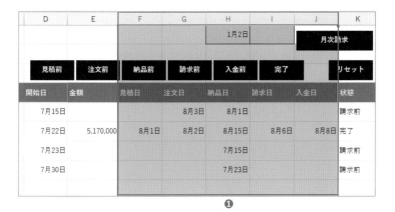

❶

　【セルの書式設定】を開いて設定していきます。175ページの方法で【ユーザー定義の書式設定】を開いて【ユーザー定義】をクリックして❶、【種類】のボックスに「m月d日;;」と入力し❷、【OK】ボタンをクリックします❸。

月日の数値で、処理されていないところは「空欄」になっています。しかし、セル《H1》も月日の設定になってしまいました。

セル《H1》をクリックします❶。

【ホーム】タブを選択して❶、【数値の書式】ボタンの下向き三角をクリックし❷、【標準】をクリックします❸。

セル《H1》の【ユーザー定義の表示形式】が【標準】になり、「1」という数字になりました。

　【標準】の書式設定にすると、日付の表示形式になっていたセルを日付シリアル値が示す整数の表示にすることができます。このように、【標準】の書式設定はその値の本来の値を表示することができます。もし小数点以下の桁がある数値を整数の表示にしている場合は、小数点以下の桁数を表示できます。
　ここでは日付の表示形式を設定して「1月1日」という表示になってしまった箇所を、元の整数の値「1」に戻して表示する設定をしました。

条件付き書式

サンプル　before5-2.xlsx

┤ 操 作 ├

「条件付き書式」を設定します。どのセルや行に書式を設定すればよい
かわからない場合でも、条件に応じて自動で書式を設定します。

　データが表示されている行に対して、「セルの塗りつぶし」を設定することで、
見やすさを向上させることができます。しかし、データが表示される行数が分
からない場合や非常に多い場合、データがある範囲にのみ書式を設定するのは
手間がかかります。テーブルでは自動で設定してくれますが、テーブルではな
い範囲には自動的に書式が設定されるようにしなければなりません。

　そのような場合には、「条件付き書式」を使用することが便利です。「条件付
き書式」は、「セルの値」に基づいて「書式」を設定したり解除したりする機能です。

　今回、データが表示されている範囲は《A列からK列》の、《5行目》以降です。
このうち、奇数行には薄い色を、偶数行には濃い色を設定します。では、設定
していきましょう。

　《A列からK列》の列見出しをドラッグし❶、《A列からK列》を列ごと選択し
ます。

❶

POINT

《A列からK列》までドラッグするとき、必ず《A列》側からドラッグ
します。直後の操作をスムーズに行えます（182ページ参照）。

【ホーム】タブを選択して❶、【条件付き書式】の中から❷、【新しいルール】を
クリックします❸。

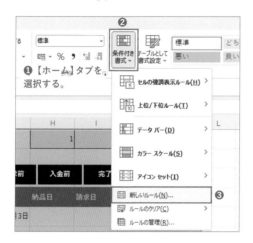

【新しい書式ルール】ダイアログボックスが開くので【数式を使用して、書式
設定するセルを決定】をクリックし❶、【次の数式を満たす場合に値を書式設定】
のボックスをクリックします❷。ここに「セルの色を指定する条件」を「数式」で
指定します。

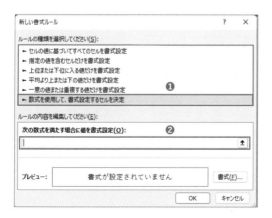

その条件となる数式ですが、まず「セルが5行目以降」なので、「=ROW()>=5」という条件が入ります。

　さらに、「案件番号が入力されている行」という条件は、列全体で考えると、「**案件番号」は必ず《A列》**で、「**行番号」は「それぞれの行**」という設定になります。ここで重要なのは、今、条件付き書式で指定しているのは、**列ごと範囲設定していること**と、その中で**現時点のアクティブセルはどこにあるか**ということです。確認してみると、セル《A1》がアクティブセルだということがわかります。範囲選択する際に《A列》側から選択してほしかったのは、このようにセル《A1》をアクティブセルにするためです。

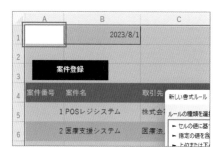

　「条件付き書式」はこのアクティブセル《A1》を基準に設定するので、条件付き書式で設定する数式もセル《A1》に対して設定します。

　案件番号が必ず《A列》でそれぞれの行を示すのは「複合参照」になるので、参照は「$A1」となります。これが「空白ではない」という設定なので「$A1<>""」という条件になります。

　次に奇数行か偶数行で条件が分かれるのですが、まず奇数行の条件を考えましょう。奇数か偶数かは「MOD関数」を使って調べられます。行番号を2で割った余りを「MOD関数」で求めて、「**（2で割った）余りが1なら奇数**」、「**余りが0なら偶数**」です。行番号を調べる「ROW関数」と組み合わせると、「MOD(ROW(),2)=1」の場合、その行は奇数行だということになります。

　この三つの条件がすべて成立した場合にセルに色をつけます。「すべて成立」ということは、なおかつの「AND条件」なので、「AND関数」で三つの条件を囲みます。

　【次の数式を満たす場合に値を書式設定】のボックスに「=AND(ROW()>=5,$

A1<>"",MOD($A1,2)=1)」を入力します❶。入力したら【書式】のボタンをクリックします❷。

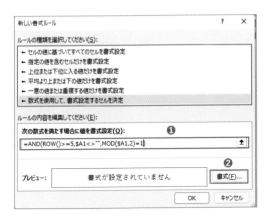

P・O・I・N・T

ここではセルの入力と
違って全部手入力での
入力が一番安全です。

　ここで書式の設定をします。今回はセルの塗りつぶしをするので【塗りつぶし】タブをクリックし❶、【背景色】の左から5番目、上から2番目の薄い青をクリックし❷、【OK】ボタンをクリックします❸。

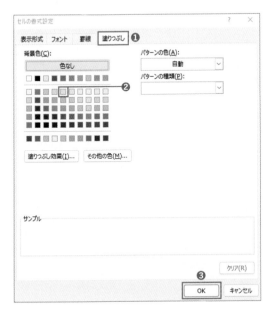

前の画面に戻るので、ここも【OK】ボタンをクリックします❶。

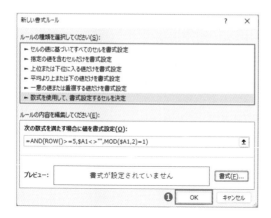

5行目と7行目のセルに薄い青の塗りつぶしが設定されます。

	A	B	C	D	E	F	G	H	I	J	K
1		2023/8/1							1		月次請求
2											
3		案件登録			見積前	注文前	納品前	請求前	入金前	完了	リセット
4	案件番号	案件名	取引先	開始日		見積日	注文日	納品日	請求日	入金日	状況
5	1	POSレジシステム	株式会社A版	7月15日				8月3日			納品前
6	2	医療支援システム	医療法人BCD	7月22日	5,170,000	8月1日	8月2日	8月4日	8月6日	8月8日	完了
7	3	業務管理システム	EF株式会社	7月23日				7月15日			請求前
8	4	営業管理システム	辰寅工務店	7月30日				7月23日			請求前

　今度は、偶数行なのですが、ほぼ奇数行と同じ設定なので、奇数行の設定を「コピー」してみましょう。

　セル《A5》をクリックし❶、【ホーム】タブの【条件付き書式】をクリックして❷、【ルールの管理】をクリックします❸。

❶セル《A4》を
クリックする。

するとセル《A5》に設定されている条件付き書式が表示されます。そこには
適用先として《A列からK列》までの設定がされている設定が現れます。ここで、
【ルールの複製】ボタンをクリックします❶。

同じ書式設定が二つ表示されますが、今回は上の方をダブルクリックします❶。

そうすると【書式ルールの編集】ダイアログボックスが表示されるので、【数式を使用して、書式設定するセルを決定】をクリックし❶、数式内の「MOD($A1,2)=1」を「MOD($A1,2)=0」に書き換えます❷。これで偶数行の設定になりました。次に【書式】ボタンをクリックします❸。

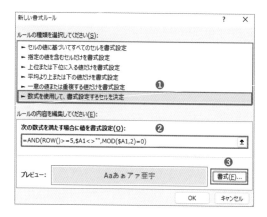

【塗りつぶし】タブを選択します❶。今度は【背景色】の左から5番目、上から3番目の、先ほどよりは1段階濃い青をクリックし❷、【OK】ボタンをクリックします❸。

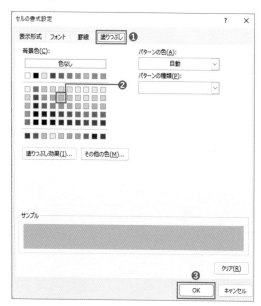

後は先ほどと同じく、【OK】ボタンをクリックして、表示されているダイアログボックスを閉じます。

すると、6行目と8行目にも少し濃い青が設定されました。

次に、「今選択している案件番号の行」を「太字」で表示します。

その場合、先ほどと同じく《A列》の表示がセル《H1》の案件番号と一致しているかを条件とします。セル《H1》は絶対に動かさないので絶対参照にします。

「=$A1=$H$1」が条件の計算式になります。「A列」の4行目から上に案件番号を入力することはありえないので、5行目より下という設定は不要です。

《A列からK列》までを選択し❶、【条件付き書式】をクリックして❷、【新しいルール】をクリックします❸。

❶《A列からK列》まで選択する。

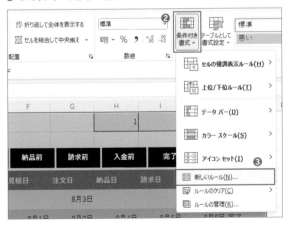

【数式を使用して、書式設定するセルを決定】をクリックし❶、【次の数式を満たす場合に値を書式設定】のボックスに「=$A1=$H$1」の計算式を入力します❷。入力したら【書式】のボタンをクリックします❸。

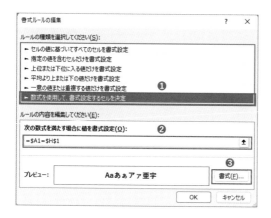

　【フォント】タブを選択して❶、【スタイル】を【太字】に設定します❷。【OK】ボタンをクリックします❸。

戻った画面でも【OK】ボタンをクリックして、表示されているダイアログを
すべて閉じます。セル《H1》に入力されていた案件番号1の5行目が太字になり
ます。

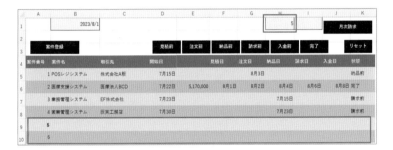

▼動作確認

セル《A9》に「5」、セル《A10》に「6」と入力、セル《H1》に「5」と入力します。
9行目が薄い青、6行目が少し濃い青の塗りつぶしで、セル《A9》が太字の
表示になることを確認します。

確認したら、セル《A9》、セル《A10》は Delete キーで削除し、セル《H5》は
「1」に戻します。

5.3 入力規則

サンプル　before5-3.xlsx

―― 学 習 ――

人間の入力を助けるのが「入力規則」機能です。まずはこの機能を上手
に使うためのコツを学びましょう。

　入力作業を行う際には、操作を簡単にし、入力者が間違いを起こしにくいように設定することが求められます。そのために使うのが「入力規則」機能です。入力規則は入力する値を制限し、その指定した値以外を入力したときはエラーメッセージを表示し、入力しないようにできる機能です。

　入力規則は【データ】タブの【データの入力規則】から設定します。

　【データの入力規則】ダイアログボックスでは【設定】、【入力時メッセージ】、【エラーメッセージ】、【日本語入力】の四つのタブから入力規則を設定できます。

Tips

ディスプレイの横幅が狭いと【データの入力規則】という文字がなくアイコンだけの表示になっている場合があります。

値の入力規則

【設定】タブでは、入力が可能な値の種類を【入力値の種類】で設定します。

入力可能な値の種類によって設定内容は変わります。例えば、数値だけを入力する場合は、【データ】、【最大値】、【最小値】を設定し、入力可能な数値の範囲を設定します。

入力時メッセージ

【入力時メッセージ】タブでは、入力するセルを選択したときに表示されるメッセージを設定します。

入力時メッセージは、初めて使うときはガイドになりますが、操作に慣れていけば説明が要らなくなってきますので、不要になります。また、表示が操作の邪魔をする場合もあるので、設定するかしないか慎重に判断します。

案件番号	商品	
197	ウォルナットフローリング	
197	防音フロ	商品名の入力
197	ベニヤフ	商品名をリストから
197	米松フロ	選択します。
197	ボンド	

エラーメッセージと入力可能かの設定

【エラーメッセージ】タブでは、入力規則に違反した入力をしたときに表示するメッセージの設定をします。さらに、違反時に完全に入力させないようにするのか、違反した値でも入力できるようにするのかを選択できます。

リストの入力規則

【入力値の種類】の設定で「リスト」を選択すると、セルをクリックした際に選択可能な値を設定できます。選択肢はセルの範囲や、「,」で区切ったリストを使うことができます。例えば選択肢を「=A1:A10」と指定すれば《A1からA10》のセル範囲の中からセルの値を選択できるようになり、「1,2,3,4,5」と指定すれば1から5の整数の中から選択できるようになります。

> **Tips** 選択肢の指定にテーブル範囲の名前を使うことはできませんが、その範囲を【名前】に登録しておけば使うことができます。

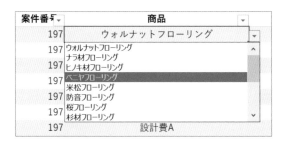

日本語入力のON/OFF

　数値などは必ず半角で入力したいですが、日本語入力をその都度切り替えるのが面倒です。そこで、入力規則を利用して日本語入力のON/OFFを切り替えます。日本語入力のON/OFFは【日本語入力】タブで設定します。数字を入力するセルをクリックしたら日本語入力をOFFに、他のセルをクリックしたら日本語入力をもとに戻すという設定ができます。

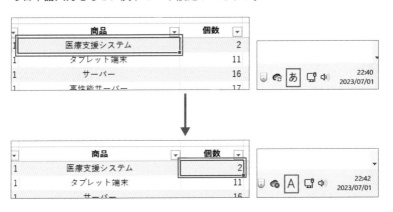

見積書の入力規則の設定

　では実際に入力規則を設定します。《見積書》シートでは商品名と個数の入力内容を、《月次請求書》シートでは月の数字を制限します。

　《見積書》シートの「商品」に「リストから入力」できるように、個数が「1個以上の整数」のみが入力できるように入力規則を設定します。

　まず、リストの設定です。《見積書》シートの《D10からD16》のセル範囲を選択します❶。

▼	案件番号 ▼	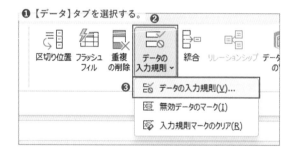 商品 ▼	個数 ▼	単
日	1	医療支援システム	2	2,
日	1	タブレット端末	11	
日	1	サーバー	16	
日	1	高性能サーバー	17	1,
日	1	技術料A	18	
日	1	技術料B	19	
日	1	出張費	2	

金額：３９，４０９，１５０

【データ】タブを選択して❶、【データの入力規則】をクリックして❷、【データの入力規則】をクリックします❸。

【設定】タブの【入力値の種類】の下向き三角をクリックし、【リスト】を選択します❶。元の値をクリックして「＝商品名」と入力して❷、【OK】ボタンをクリックします❸。

【入力時メッセージ】タブを選択して❶、【タイトル】に「商品名の入力」❷、
【メッセージ】に「商品名をリストから選択します。」と設定します❸。

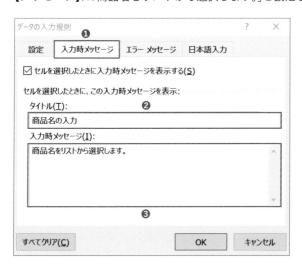

【エラーメッセージ】タブを選択して❶、【タイトル】に「商品名入力エラー」❷、
【エラーメッセージ】に「商品名はリストから選択してください。新しい商品は
商品テーブルに追加してから入力してください。」と入力します❸。【スタイル】
は「停止」にし❹、【OK】ボタンをクリックします❺。

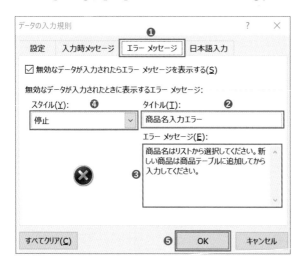

| Tips | 【スタイル】を「停止」にすると、設定値以外は入力できません。「注意」では入力するかどうかを選択することができ、「情報」では、メッセージだけ表示し設定値以外でも入力します。 |

　今度は「個数」の設定をします。
　《見積書》シートの《E10 から E16》のセル範囲を選択し❶、【データ】タブの【入
力規則】をクリックします（194 ページ参照）。

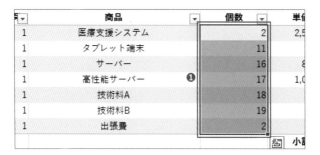

【設定】タブの【入力値の種類】の下向き三角をクリックし、【整数】を選択します❶。【データ】を【次の値以上】にし❷、【最小値】を「1」にします❸。

　【入力時メッセージ】タブを選択して❶、【タイトル】に「個数の入力」❷、【メッセージ】に「個数を整数で入力します。」と入力します❸。

【エラーメッセージ】タブのを選択して❶、【タイトル】に「個数入力エラー」❷、
【メッセージ】に「個数は1以上の整数で入力してください。」と入力します❸。
【スタイル】は「停止」にします❹。

　「数量」は必ず「数字」なので、セルをクリックしたら日本語入力がオフになる
ようにします。【日本語入力】タブを選択して❶、【日本語入力】を【オフ（英語モー
ド）】にして❷、【OK】ボタンをクリックします❸。

セル《D10》をクリックすると「商品名の入力、商品名をリストから選択します。」と表示されることを確認します。

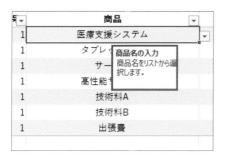

表示された下向き三角をクリックすると「商品名の一覧」が表示されることを確認します。

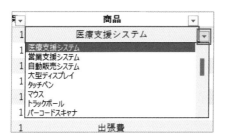

セル《D10》をクリックして、手入力で「a」と入力し確定すると【商品名入力エラー】のメッセージウィンドウが表示されることを確認してください。確認したら【キャンセル】ボタンをクリックします。

日本語入力ができる状態で、セル《E10》をクリックすると日本語入力がOFFになり、「個数の入力、個数を整数で入力します。」と表示されることを確認します（ただし、日本語入力システムが「IME」ではない場合は、日

本語入力はOFFにならないかもしれません）。

セル《E10》に「0」と入力し、確定すると「個数入力エラー」のメッセージウィンドウが表示されることを確認してください。確認したらこのウィンドウは【キャンセル】ボタンで閉じましょう。

月次請求書の入力規則の設定

　実際にこのツールを使うときに、《月次請求書》シートで操作するセルは「年」のセル《B2》と「月」のセル《C2》です。「年」は何年も先までになると何年と入力するかどうかわかりませんが、「月」は必ず「1から12」のどれかになります。「月」はリスト入力の設定にします。

　《月次請求書》シートのセル《B3》をクリックします❶。

194ページの方法で【データの入力規則】ダイアログを表示します。【設定】タブの【入力値の種類】の【リスト】を選択し❶、【元の値】に「1,2,3,4,5,6,7,8,9,10,11,12」と入力します❷。

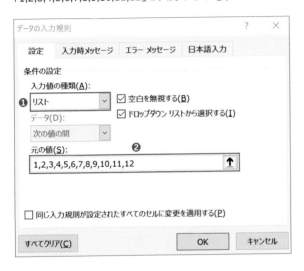

【入力時メッセージ】タブを選択して❶、【タイトル】に「月の入力」❷、【メッセージ】に「月をリストから選択します。」と入力します❸。

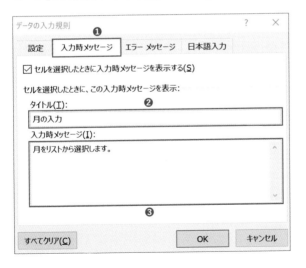

【エラーメッセージ】タブを選択して❶、【タイトル】に「月入力エラー」❷、【メッセージ】に「月はリストから選択してください。」と入力します❸。【スタイル】は「停止」にします❹。【OK】ボタンをクリックします❺。

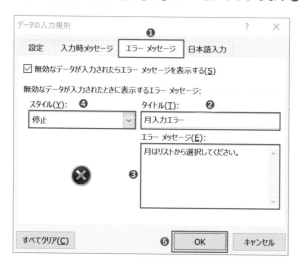

▼ 動作確認

セル《B3》を選択して下向き三角をクリックすると、「1」から「12」の数字を選択できるようになっていることを確認します。

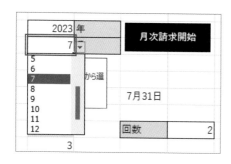

5.4 リンクの設定

サンプル　before5-4.xlsx

┤ 操 作 ├

> 図形やセルにリンクを設定してシートの行き来を簡単にしましょう。
> 事前にどのシートのどの図形をクリックすると、どこのシートへジャンプするか整理してから設定します。

最後に、それぞれのシートを行き来するためのボタンの設定をします。

例えば普段は《メイン画面》シートから処理はスタートしますが、そこから案件登録をするために《案件登録》シートにシート見出しをクリックするのではなく、ボタンをクリックして移動できるようになっていると使いやすくなります。このように同じブック内の別のシートのどこかのセルにジャンプすることを「リンク」と呼びます。

それぞれのシートへのリンクは次のようになります。

シート	リンク先	ボタン名	リンク方法
メイン画面	案件登録	案件登録	リンク
メイン画面	月次請求	月次請求	リンク
案件入力	メイン画面	一覧へ	リンク
案件入力	登録後にメイン画面	案件登録	マクロ
月次請求	処理後にメイン画面	月次請求開始	マクロ
見積書	メイン画面	一覧へ	リンク
見積書	登録後メイン画面	見積登録	マクロ

上記以外のシートでは人間の操作を介さないように自動化しますので、リンクの設定はありません。

リンク方法が「マクロ」になっているボタンは、シートの移動だけではなく、何らかの処理をともなうものなので、以降のセクションで、マクロで自動化の設定とともに指定します。ここではそれ以外のシートにリンクを設定します。

リンクの設定方法は、リンクを設定したい「セル」や「図形」を右クリックし、【リンク】で設定していきます。

図形にリンクを設定する

まず、《メイン画面》シートの「案件登録」の図形をクリックしたら《案件入力》シートのセル《C3》にジャンプするように設定します。

《メイン画面》シートの「案件登録」の図形を右クリックして❶、【リンク】をクリックしてください❷。

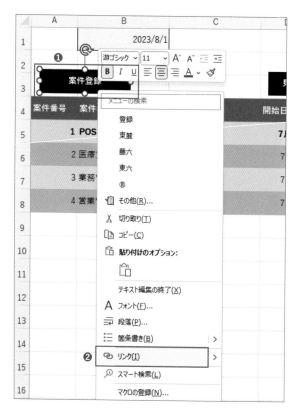

【このドキュメント内】をクリックすると❶、シートの一覧表が表示されます。その中から《案件入力》シートをクリックして❷、【セル参照を入力してくださ

い】のボックスに《C3》と入力して❸、【OK】ボタンをクリックします❹。

これで《メイン画面》シートの「案件登録」の図形に《案件入力》シートのセル《C3》にジャンプするリンクを設定できました。

▼ 動作確認

ここで一回、「案件登録」の図形の選択を外し、もう一度「案件登録」の図形をクリックしてください。
《案件入力》シートのセル《C3》がアクティブセルになります。

次に、同様にして《メイン画面》シートの「月次請求」の図形から《月次請求処

理》シートのセル《B2》へのリンクを設定します。

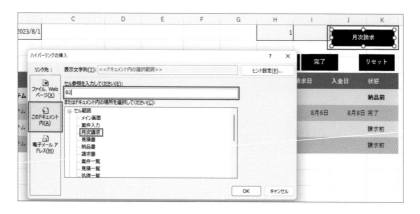

《案件入力》シートの「一覧へ」の図形にも、「メイン画面」のセル《A4》へのリンクを設定します。

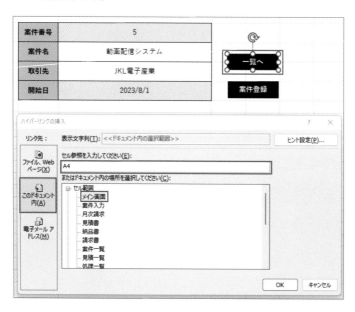

同様に、《見積書》シートの「一覧へ」の図形から「メイン画面」のセル《A4》へのリンクを設定します。

セルにリンクを設定する

図形だけではなくセルにもリンクを設定できます。《月次請求処理》シートの
セル《E12》から「メイン画面」のセル《A4》へのリンクを設定します。

《月次請求シート》のセル《E12》を右クリックして❶、【リンク】をクリックし
ます❷。

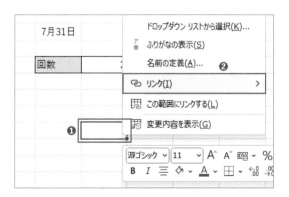

【このドキュメント内】をクリックして❶、《メイン画面》シートをクリックし
ます❷。【表示文字列】に「戻る」を入力して❸、セル《A4》を参照します❹。【OK】

ボタンをクリックします❺。

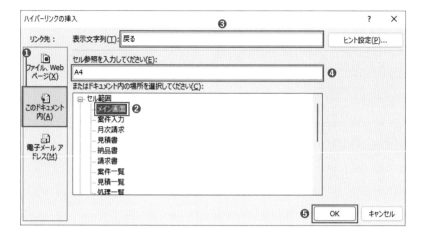

　セル《E12》に「戻る」という文字のリンクが設定されました。クリックしてみ
ると、《メイン画面》シートのセル《A4》にジャンプします。

第 **6** 章

マクロの記録

6.1 マクロを保存する

サンプル　before6-1.xlsx

学習

「マクロの記録」機能を使って複数の機能を順番に組み合わせて、一つの操作で複数の動作をするような仕組みを作成します。まずはマクロを扱う際の注意点を学びます。

今までは機能一つ一つを設定してきました。それらはあくまでExcelに初めから用意されている機能です。いよいよここからは、「マクロ」や「VBA」を使って、オリジナルの機能や動きを作成していきます。まずは「マクロの記録」機能（23ページ参照）を使って複数の機能を順番に組み合わせて、一つの操作で複数の動作をするような仕組みを作成します。具体的には、《案件入力》シートに入力した情報を、《案件一覧》シートに蓄積していく動作の自動化を設定していきます。

マクロブックとセキュリティ

「マクロ」を扱う際には注意が必要です。マクロは自動化の手段として便利ですが、悪意のあるマクロがExcelのブックに紛れ込む可能性もあります。

実際に、私がパソコンスクールで経験したエピソードを紹介します。20年以上前のことですが、ある受講生が持ち込んだExcelデータにウィルスを広めるマクロが含まれていました。その結果、パソコンスクールの全てのパソコンが影響を受け、復旧には臨時休校を余儀なくされる事態となりました。パソコンスクールの損失は90万円にも上り、受講生にも迷惑をかけてしまいました。

このような事態を避けるため、通常のExcelブックにはマクロを保存することができません。マクロを保存する場合は、「マクロ有効ブック」として保存する必要があります。マクロ有効ブックは、通常のExcelブックとは異なるアイコンを持ちます。拡張子も通常のブックでは「xlsx」なのに対してマクロ有効ブックでは「xlsm」となります。これにより、マクロが含まれているかどうか

を視覚的に確認することができます。

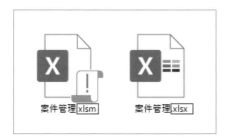

　つまり、**マクロを利用する場合は、ブックをマクロ有効ブックとして保存し、悪意のあるマクロが混入していないかを確認することが重要**です。安全なマクロの利用と管理に注意を払います。

　もし、マクロ有効ブックなら、「万が一の場合、悪意のあるものが入っている可能性があるけども、ファイルの入手元は信用できるのかきちんと判断してください」、という意味が込められています。

　一方で、マクロ有効ブックとして保存しないと、計算式や入力規則、書式などの基本機能で行なった設定は保存されていますが、マクロは保存されていません。マクロを設定するものは、マクロを作成する前に必ず、【名前を付けて保存】で「マクロ有効ブック」の形式で保存しましょう。

> **今まで操作してきたのは「通常のExcelブック」なので、マクロが保存できるように「マクロ有効ブック」として保存します。**

　ではここで、実際に操作しているファイルもマクロ有効ブックで保存します。ファイルの保存場所とファイル名はそのままで、【ファイルの種類】のみ変更します。

　キーボードの F12 キーを押し❶、【名前を付けて保存】ダイアログボックスを開きます。

　【ファイルの種類】の下三角ボタンをクリックして【Excelマクロ有効ブック】を選択し❷、【保存】ボタンをクリックします❸。

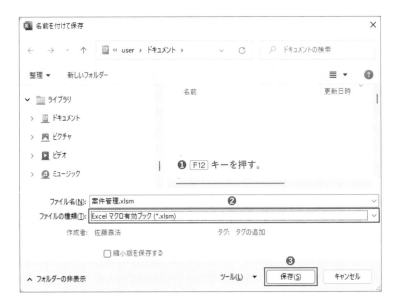

❶ F12 キーを押す。

今まで操作していた「案件管理.xlsx」のほかに、マクロ有効ブックの「案件管理.xlsm」が作成されます。「ファイルがコピーされてファイルの種類が変わった」ということになります。今まで操作していた「案件管理.xlsx」は以後使いませんが、動作がうまくいかなかったときのためにゴミ箱に捨てずにとっておきましょう。

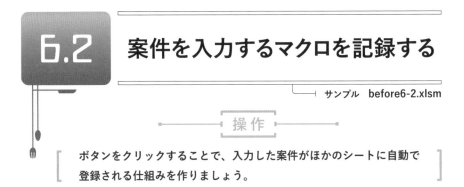

6.2 案件を入力するマクロを記録する

サンプル　before6-2.xlsm

┤ 操 作 ├

> ボタンをクリックすることで、入力した案件がほかのシートに自動で
> 登録される仕組みを作りましょう。

《案件入力》シートの「案件登録」ボタンをクリックしたら、その案件がテーブ

ル《tbl案件》に登録されるようにします。

このシートの《セルB8からE8》の範囲に入力内容が横向きになって配置されるように設定しました。これは入力内容を《案件一覧》シートのテーブル《tbl案件》の一番下の行の《A列からD列》の4列に追加しやすくするためでした。

案件番号	案件名	取引先	開始日	金額
1	POSレジシステム	株式会社A販	2023/7/15	0
2	医療支援システム	医療法人BCD	2023/7/22	5,170,000
3	業務管理システム	EF株式会社	2023/7/23	0
4	営業管理システム	辰寅工務店	2023/7/30	0

自動化の内容は、次のとおりです。

・《案件入力》シートの《B8からE8》までのセル範囲を選択してコピーする
・名前を付けた「案件新規登録先」にジャンプして値として貼り付ける
・さらに次の案件を入力しやすいように、入力した案件名と取引先をクリアし、《メイン画面》シートに移動する

これら一連流れを、手作業ではなく自動で実行するようにします。以上の操作をさらに整理すると次のとおりです。

1. セル範囲《B8からE5》まで選択
2. 【コピー】
3. 【名前ボックス】に「案件新規登録先」と入力し Enter キーを押す

4. 【値として貼り付け】
5. セル範囲《C3からC4》を選択
6. Delete キーを押してクリア
7. 《メイン画面》シートに移動
8. セル《A4》を選択

　【マクロの記録】をする際には、このように**流れを整理しておき、スムーズに操作できるようにしておく**ことが重要です。

　【マクロの記録】が終了したら、《案件入力》シートの「案件登録」ボタンにそのマクロを登録します。これで「案件登録」ボタンをクリックすれば、その記録したマクロが動作をするようになります。

　では、操作を進めていきましょう。

　まず、最後に《メイン画面》シートのセル《A4》を選択する動作を記録したいので、《メイン画面》シートのセル《A1》をクリックし❶、セル《A4》を選択できるようにしておきます。

　マクロは《案件入力》シートから開始するので、《案件入力》シートを表示しておきます。

【表示】タブを選択して❶、【マクロ】をクリックし❷、【マクロの記録】をクリックします❸。

マクロ名に「M案件登録」と入力し❶、【作業中のブック】になっていることを確認してから❷、【OK】ボタンをクリックします❸。

【マクロの保存先】が【個人用マクロブック】だと、このブックにマクロが保存されず Excel 本体に保存され、マクロを作成したパソコンではどの Excel ブックでも動作するようになります。しかし、今回はこのブックを開いたときだけマクロを動作させるので、【作業中のブック】にします。【作業中のブック】に保存すれば、そのブックをメールなどで送った先や USB メモリで持ち出した先でも動作します。

ここから【マクロの記録】を開始するので、**慎重に**操作しましょう。
まず、《B8 から E8》までのセル範囲を選択します❶。

【ホーム】タブを選択して❶、【コピー】をクリックします❷。

【名前ボックス】に「案件新規登録先」と入力し❶、Enter キーを押します❷。

《案件一覧》シートの次のデータの追加登録先に【ジャンプ】することができます。

	A	B	C	D
1	案件番号 ▼	案件名 ▼	取引先 ▼	開始日 ▼
2	1	POSレジシステム	株式会社A販	2023/7/15
3	2	医療支援システム	医療法人BCD	2023/7/22
4	3	業務管理システム	EF株式会社	2023/7/23
5	4	営業管理システム	辰寅工務店	2023/7/30
6				

【ホーム】タブを選択して❶、【貼り付け】の下向き三角をクリックして❷、【値】をクリックします❸。

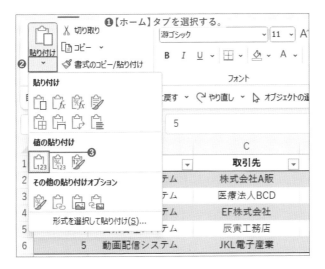

《案件入力》シートを表示します。

セル《C3からC4》のセル範囲を範囲選択し❶、Delete キーを押します❷。

	A	B	C
1			
2		案件番号 ❶	6
3		案件名	動画配信システム
4		取引先	JKL電子産業
5		開始日	2023/8/1
6			

セル《C3》をクリックします❶。

	A	B	C
1			
2		案件番号 ❶	6
3		案件名	
4		取引先	
5		開始日	2023/8/1

《メイン画面》シートを表示し、セル《A4》をクリックします❶。

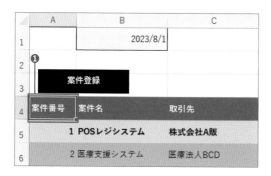

	A	B	C
1		2023/8/1	
2 ❶			
3	案件登録		
4	案件番号	案件名	取引先
5	1 POSレジシステム	株式会社A販	
6	2 医療支援システム	医療法人BCD	

【表示】タブを選択して❶、【マクロ】をクリックし❷、【記録終了】をクリックします❸。

次に図形をクリックするとマクロが開始するように設定します。「案件登録」の図形を右クリックし❶、【マクロの登録】をクリックします❷。

マクロの一覧から【M案件登録】をクリックし❶、【OK】ボタンをクリックします❷。

　これで、《案件入力》シートで「案件名」と「取引先」を入力し「案件登録」の図形をクリックするという1回の操作で、自動で《案件一覧》シートのテーブル《tbl案件》にその内容が保存され、さらに《案件入力》シートの《C3からC4》のセル範囲の内容が削除され、セル《C3》がアクティブセルになり、《メイン画面》シートに戻ってセル《A4》がアクティブセルになる……という複数の動きができるようになりました。

　また、テーブル《tbl案件》に登録されたことで、その内容を《メイン画面》シートのセル《A5》に設定されている「FILTER関数」で読み出し表示するという仕組みや、その範囲に設定してある【条件付き書式】が生きてきます。

　このように「関数」や「計算式」、「Excelの機能」を「マクロ」と組み合わせることで、今までは**一つ一つの動きだったものを、一回の操作でいっぺんにできる**ようになります。

マクロの記録中は、ショートカットキーの操作だと間違えやすいので、できるだけ慎重にリボンで操作していくことをお勧めします。

▼ 動作確認

案件入力シートのセル《C3》に「資材管理システム」、セル《C4》に「犬川市博物館」と入力し、「案件登録」の図形をクリックします。

少しExcelが動いた後、《メイン画面》シートの一番下に「資材管理システム」「犬川市博物館」が入力されていることを確認します。

案件番号	案件名	取引先	開始日
1	POSレジシステム	株式会社A販	7月15日
2	医療支援システム	医療法人BCD	7月22日
3	業務管理システム	EF株式会社	7月23日
4	営業管理システム	辰寅工務店	7月30日
5	動画配信システム	JKL電子産業	8月1日
6	資材管理システム	犬川市博物館	8月1日

第 **7** 章

VBAの基本

7.1 VBEの使い方

この章からはVBAに挑戦します。VBAを編集するためのVBEの基本的な使い方と、動作がおかしいときの確認方法やエラーが出たときの対処方法を把握します。

前の章では【マクロの記録】によって、複数の操作を一回の操作でできるようにしました。【マクロの記録】は便利なのですが、【マクロの記録】で作成されたマクロは、複数の取引先の請求書を次々と作成するとか、普段は《社内》というシートに記録しているが特定のセルの値が「いいえ」なら《社外》というシートに記録するといったような分岐の動作をするとか、高度なことができません。そのような場合は、「VBA」(Visual Basic for Applications)を使うことになります。

VBAはプログラム言語の一種で、人間が話す言葉に似ている部分も多く、コツさえつかめばすんなり使えるようになります。情報を発信している人も多いので、やりたいことをネットで調べれば、情報はたくさん出てきます。

まずは、VBAを使うための基本的な知識が必要になります。実際の操作をする前にVBAの使い方について紹介します。

VBEの起動

VBAを作るときは、VBAを編集するための「VBE」(Visual Basic Editor) を使います。VBEの使い方は、VBAのプログラムの内容を覚えるのと同じか、それ以上に重要なことですのでしっかり覚えていきましょう。

Excelが起動している画面で、[Alt]キーを押したまま[F11]キーを押すと、VBEを起動することができます。

Tips
> もしもパソコンの設定でこのショートカットキーが使えない場合は、いずれかのシートのシート見出しを右クリックし、【コードの表示】をクリックすることで表示することもできます。

VBEの画面

❶メニューバー
❷標準ツールバー
❹コード
**❸プロジェクト
エクスプローラー**
❻イミディエイトウィンドウ
❼ウォッチウィンドウ
**❺プロパティ
ウインドウ**

1. メニューバー

あらゆる機能がメニューの形で格納されています。例えば【コピー】機能は、【編集】メニューをクリックするとあります。

2. 標準ツールバー

VBAで作成するときに便利なボタンが格納されています。
それぞれのウィンドウが表示されていなければ、画面上の【表示】メニューをクリックし、表示したいところをクリックしてください。

3. プロジェクトエクスプローラー

【マクロの記録】で記録されたマクロは「モジュール」（Module）と呼ばれる用紙に記録されます。VBAの記述もこの「モジュール」に入力します。「モジュール」はプロジェクトエクスプローラーに表示されます。また、現在開いているブックと、そのブック中のシートも表示されます。

なお、シートに対してクリックしたときに動き始めるといったVBAは「モジュール」ではなく、「シート」に記述します。このような理由から「モジュール」だけではなく、「シート」の一覧もプロジェクトエクスプローラーに表示されています。

4. コード

VBAを見たり編集したりするウィンドウです。一番大事なところです。プロジェクトエクスプローラーで「モジュール」や「シート」をダブルクリックすることで、その内容が表示されます。

5. プロパティウインドウ

プロジェクトエクスプローラーに表示されている「モジュール」や「シート」のうち、現在選択されているものの基本的な設定が表示されるウィンドウです。

6. イミディエイトウィンドウ

シートに入力されている値や指定しているセルがどこかを調べたり、VBAの動作を仮に実行させてきちんと動作するか確認したりできるウィンドウです。

7. ウォッチウィンドウ

変数と呼ばれる値がどうなっているか確認することができるウィンドウです。

Tips　各ウィンドウやツールバーが表示されていなければ【表示】メニューの該当のウィンドウ名をクリックすると表示できるほか、次の操作でも表示できます。

標準ツールバー	《表示》メニュー→《ツールバー》→《標準》を選択。
プロジェクトエクスプローラー	Ctrl キーを押したまま R キーを押す。
プロパティウィンドウ	F4 キーを押す。
イミディエイトエクスプローラー	Ctrl キーを押したまま G キーを押す。

イミディエイトウィンドウの使い方 ▼

「イミディエイトウィンドウ」には、VBAのプログラムを仮に入力して、動作を確認することができます。

「セル《A1》に対して123と入力する」という意味のVBAを例とします。まずイミディエイトウィンドウに「Range("A1").Value=123」と入力し❶、Enterキーを押します❷。

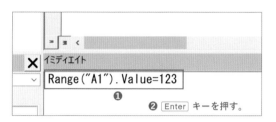

「プロジェクトエクスプローラー」でシート名（ここでは《Sheet1》）を右クリックして❶、【オブジェクトの表示】をクリックします❷。

シート《Sheet1》が表示され、セル《A1》に「123」と入力されます。

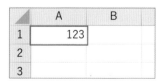

今度は「セル《B5》をアクティブセルにする」という意味のVBAを例にします。「Range("B5").Select」と入力し、先ほどと同様に操作します。

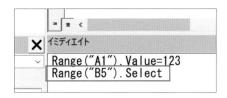

セル《B5》が選択されます。

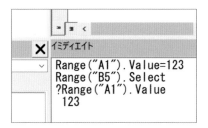

　以上二つはイミディエイトウィンドウでシートを操作する方法でしたが、イミディエイトウィンドウでシートの現在の状況を調べることもできます。

　セルに入力されている値を調べるときは、「?」を始めに入力します。たとえば「セル《A1》の値を調べる」という意味の「?Range("A1").Value」と入力して Enter キーを押すと、イミディエイトウィンドウにセル《A1》に入力されている値が表示されます。

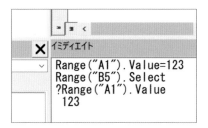

　また、「セル範囲《A1からB5》のセル個数を調べる」という意味の「?Range("A1:B5").Count」と入力して Enter キーを押すと、セル範囲《A1からB5》のセル個数が表示されます。

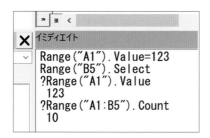

VBAの実行

　作成したVBAは【マクロ】ウィンドウで実行できます。Excelで【表示】タブを選択して、【マクロ】をクリックすると【マクロ】ウィンドウが開きます。表示されるマクロの一覧から実行したいものを選んで、【実行ボタン】をクリックするとVBAを実行することができます。

　VBAはVBEから実行することもできます。実行したいマクロのVBAの文のどこかをクリックして❶、【標準ツールバー】の【Sub/ユーザーフォームの実行】ボタンをクリックすると❷、そのマクロを実行できます。

ブレークポイント

作成したマクロの動作の途中まで動作させて、そのときの状況を確認したい
場合は【ブレークポイント】を設定します。【ブレークポイント】は何箇所も設定
することができます。

　【ブレークポイント】を設定するには、まず一時停止したい箇所の左側の灰色
のバーをクリックします。

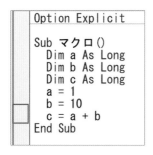

```
Option Explicit

Sub マクロ()
    Dim a As Long
    Dim b As Long
    Dim c As Long
    a = 1
    b = 10
    c = a + b
End Sub
```

　【ブレークポイント】という丸いマークが灰色のバーに表示されます。

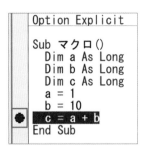

【ブレークポイント】を設定しておくと、設定した箇所の前の行までVBAを実行し、一時停止します。一時停止すると止まった場所が黄色の背景色になります。この状態では【イミディエイトウィンドウ】で値を調べたり、シートの値を操作したりできます。

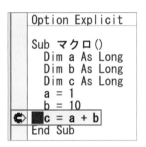

VBA上のセル参照などにマウスをクリックせずに合わせると、その値を表示するということもできます。

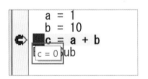

一時停止したVBAの動作をそのまま止めるには、「標準ツールバー」の【リセットボタン】をクリックします。

ステップイン

　記述されているVBAを1行ずつ実行していくモードです。実行したいマクロのVBAをクリックしてカーソルを表示して F8 キーを押すことで実行していきます。1行実行するごとに一時停止しますので、【ブレークポイント】で一時停止したときと同様に値の変化を見ることができます。

ウォッチウィンドウ

　プログラムの動作中の様子を一覧表で確認するのが【ウォッチウィンドウ】です。VBAの動作がおかしいときに、変数や内容の様子を確認するのに使います。はじめに、VBAの文の中にある調べたい範囲を選択して右クリックし、【ウォッチ式の追加】をクリックすることで、【ウォッチウィンドウ】に追加することができます。VBAの実行は【ブレークポイント】や【ステップイン】で一時的に停止できますが、その時点での【ウォッチウィンドウ】に登録された一覧の内容が表示されます。

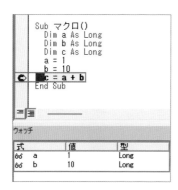

入力候補

VBAに入力する命令はとても多くの種類があり、その種類をすべてを覚えておくのは大変です。そこで簡単に入力できるように先頭数文字のみ入力し、[Ctrl]キーを押したまま[スペース]キーを押すと自動的に選択肢が出てきます。

例えば「ra」と入力すると、そこに入力できる「ra」で始まる入力候補が一覧に表示されます。この入力候補は「インテリセンス」とも呼ばれます。

必要なものをクリックするか、上下[カーソルキー]で移動して[TAB]キーを押せば選択できます。

```
Sub マクロ()
    Dim a As Long
    Dim b As Long
    Dim c As Long
    a = 1
    b = 10
    c = a + b
    Range
End Sub
```

Tips オブジェクトを指定した後に「.」を入力しても、そのオブジェクトの文字につながる次の入力候補が表示されます。

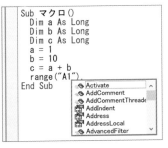

保存

　VBAを作成したり変更したりしたら保存しましょう。保存するには標準ツールバーの【上書き保存】（または【ファイルメニュー】の【名前を付けて保存】）で保存します。

　この保存の操作をすると、作成したVBAだけではなく、そのVBAが入っているExcelブックも含めて保存されます。

　VBAを書き換えた後に保存しなくても、そのままVBAを動作させることはできますが、万が一実行したときにExcelのシート内容を誤って書き換えても戻せるように、実行する前の状況を保存してから実行するとよいでしょう。もし実行した後にシート内容が予想外に変わってしまったらそのExcelは保存しないで閉じて、先ほど保存したものを開けば、実行直前の状態にすることができます。

エラーが出たら

　VBAを実行してプログラムやExcelの設定にエラーがあったら、実行のときにこのようなエラーメッセージが表示されます。内容を確認して[OK]ボタンをクリックします。

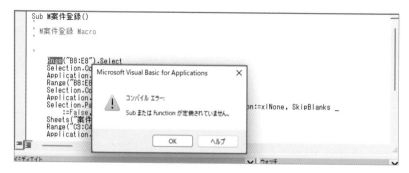

エラーメッセージのウィンドウが閉じて、どこが間違っているかは反転表示
してくれます。

VBAを修正して問題を解決したら、VBEの「標準ツールバー」の【リセット】
をクリックし❶、VBAの動作を一回リセットします。
　そして、【Sub/ユーザーフォームの実行ボタン】をクリックします❷。この時
点では【Sub/ユーザーフォームの実行ボタン】の名称は「継続」になっています。

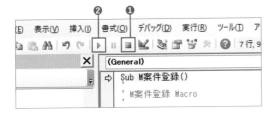

POINT

エラーメッセージが出たとき、エラーの原因が思いつかなければスクリーン
ショットを撮っておきましょう。どうしても解決できないときに、詳しい人に聞
くときに役立ちます。また、すべてのエラーでVBAのどこが間違っているか
を表示するわけではありません。VBAだけではなく、Excelのエラーも疑っ
てください。例えばVBAで取り込むセルの値が、VLOOKUP関数で値が見
つからない場合の「#N/A」のエラーだったり、数値を0で割ったときに表示さ
れる「#DIV/0」のエラーだったりすると、VBAもエラーになります。

VBAの基本構文

VBAの基本構文を学びます。プロシージャ、オブジェクト、プロパティ、メソッド、変数といった用語や、セルの位置や値を表現する方法を覚えましょう。

マクロとVBAの違い

次のマクロは《A1からB5》のセル範囲を、セル《E1》を先頭とした範囲に貼り付ける動作を「範囲コピー」という名前で記録したマクロです。このように【マクロの記録】機能で記録した内容はVBAに変換されています。

```
Sub 範囲コピー()
'
' 範囲コピー Macro
'

'
    Range("A1:B5").Select
    Selection.Copy
    Range("E1").Select
    ActiveSheet.Paste
End Sub
```

このマクロでは、「①コピー元範囲を選択して（Range("A1:B5").Select）、②選ばれている範囲をコピーして（Selection.Copy）、③貼り付け先を選択し（Range("E1").Select）、④貼り付け（ActiveSheet.Paste）」という四つのプロセスを記録しています。対して、VBAで0から作る場合は次のように非常にシンプルに作成することができます。

```
Sub 範囲コピー()
    Range("A1:B5").Copy Range("E1")
End Sub
```

「範囲をコピーして、指定した先に貼り付け」というように「選択する」という動作が記録されていなくても動作します。

マクロを含め、一つのVBAは「プロシージャ」と呼ばれます。プロシージャは「Sub」から始まり「End Sub」で終わります。

オブジェクト

オブジェクトとは

一つのセルはシートの中にあり、シートはブックの中にあります。この「セル」「シート」「ブック」のような「何が」や「どこが」を示すものがオブジェクトです。

セル《A1》を指定するには、セル《A1》とだけ指定してもどのブックのどのシートのセル《A1》か特定できません。もし、ブックやシートの指定をしない場合は、現在操作しているブックの、操作しているシートのセル《A1》と認識します。マクロの動作中に操作しているシートが変わってしまい、想定しているシートではないシートが選択される場合もあるので、**本来は明示する**のが理想です。

オブジェクトは「.」で挟んで表現します。例えば、「売上2020年.xlsm」ブックの《1月》シートのセル《A1》を表すVBAは「Workbooks("売上2020年.xlsm").Sheets("1月").Range("A1")」となります。オブジェクトをつなぐ場合の「.」は、「〜の中の〜」という意味になります。

> **POINT**
>
> ここでは「Workbooks("売上2020年.xlsm")」「Sheets("1月")」「Range("A1")」がそれぞれ「売上2020年.xlsm」ブック、《1月》シート、セル《A1》を指します。

操作しているオブジェクトを指定する

また、現在操作しているブックは「ActiveWorkbook」、現在操作しているシートは「ActiveSheet」、現在のアクティブセルは「ActiveCell」で指定します。範囲選択されていてもアクティブセルは1個のセルなので、選択されている範囲を指定するには「Selection」で指定します。

アクティブセルを指定するときには「ActiveWorkbook.ActiveSheet.

ActiveCell」と指定するとエラーになります。この場合、ブックとシートを選
ぶ必要はなく「ActiveCell」だけでよいです。アクティブセルを指定すればそ
のセルが属しているシートもブックも特定されるので指定が不要なのです。
「Activesheet」の指定をする場合も同様にブックを指定する必要はありません。

　本書でのVBAは、他のブックを操作することはないので、シートの指定か
ら行っています。

特定のオブジェクトを指定する

　マクロの動作中に操作するブックを変更すると、「ActiveWorkbook」が指す
ブックも変わります。対して、「ActiveWorkbook」の代わりに「ThisWorkbook」
を指定すると、今選択されているブックに関わらず、そのVBAがあるブック
を指します。

　対してブックを明示するのであれば「Workbooks("売上2020年.xlsm")」の
ように「Wordkbooks()」の中にブック名を「""」で挟んで記載します。シートを
明示するのであれば「Sheets("1月")」のように「Sheets()」の中にシート名を
「""」で挟んで記載します。セルは「Range("A1")」のように「Range()」の中にセ
ル参照を「""」で挟んで記載します。

　例を見てみましょう。次のVBAは、ブック「2020年」の《売上》シートの《A1
からC10》のセル範囲を、ブック「2021年」の《前年売上》シートのセル《A1》に貼
り付けるものです。

```
Sub ブック間コピー()
  Workbooks("2020年").Sheets("売上").Range("A1:C10").Copy _
    Workbooks("2021年").Sheets("前年売上").Range("A1")
End Sub
```

プロパティとメソッド ▼

プロパティ

　Workbooks や sheets、Range オブジェクトにはさまざまな設定値があります。ブック (Workbooks) であれば「ファイル名」や「格納されているシート数」、シート (sheets) であれば「シート名」、セル (Range) ではあれば「セル幅」や「入力されている値」、「計算式」、「計算の結果の値」などです。それぞれのオブジェクトごとに異なる設定内容があります。この**設定されている内容を「プロパティ」と呼びます**。プロパティは単体で使うことはなく、必ずオブジェクトに対して関連付きます。

　プロパティは値の読み出しと書き換えが可能なものと、値の読み出ししかできないものの 2 種類があります。

　書き換え可能なプロパティの代表が「Range」オブジェクトに対する「Value」です。「Value」は「値」という意味です。「Range("A1").Value」はセル《A1》の値という意味です。例えば「Range("A1").Value="ABC"」でセル《A1》の値を「ABC」に書き換える、つまりセル《A1》に「ABC」を入力することができます。

　読み出ししかできないプロパティの代表は数を数える「Count」です。「Range("A1:A3").Count」で《A1 から A3》のセル範囲のセル個数を読み出すことができます。この答えは「3」ですが、これを「4」に書き換えようと「Range("A1:A3").Count=4」のように指定できてしまうと、《A1 から A3》のセル個数が 4 というおかしな設定となります。このように読み出ししかできないプロパティに書き込もうとするとエラーになります。

　プロパティに対しては「値を書き込む」「現在の値を調べる」という二つのことができることを覚えておいてください。

メソッド

　一見するとプロパティと似ているのですが異なる考え方が「メソッド」です。メソッドは「Excel に対する操作」を指します。

　例えば「Range("A1").Copy」はセル《A1》をコピーするという意味ですが、「Copy」が「コピーをする」という操作のメソッドです。メソッドはオブジェクトの後に書きます。オブジェクトとメソッドの間の「.」は「～に対し～する」という意味になるでしょう。

メソッドのオプション

　メソッドには、「オプション」を設定できるものがあります。例えば「形式を指定して貼り付け」の中に「値の貼り付け」という操作があります。セル《B3》に値の貼り付けをするVBAは、「Range("B1").PasteSpecial xlPasteValues」となります。「PasteSpecial」が「形式を選択して貼り付け」のメソッドで、「xlPasteValues」が「値の貼り付け」という意味、つまりPasteSpecialメソッドに対するオプションです。

　オプションはメソッドによって指定する方法が変わります。例えば、「《A1からC10》のセル範囲の中で縦方向に優先して検索して『ぶどう』の文字を『いちご』に置換し、セル範囲に入力されている『静岡のぶどう』『愛媛のぶどう』を『静岡のいちご』『愛媛のいちご』に変換する」というVBAを考えてみます。変換をするプロパティは「Replace」です。VBAは「Range("A1:C10").Replace "ぶどう","いちご",xlPart,xlByRows」と書きます。「xlPart」は値が「ぶどう」に完全一致するセルを探すのではなく、セルの値に含まれる「ぶどう」という文字を探すという意味です。「xlByRows」は縦方向に優先して検索するという意味です。つまり1番目が探す文字("ぶどう")、2番目が置き換える文字("いちご")、3番目がセルの一部の文字を探すと指定、4番目が検索で優先する方向を指定、という順番でオプションを指定します。このようにメソッドによって指定するオプションの種類と個数、並び順が決まっています。

　セルの一部の文字を探すのかの指定はせずに検索で優先する方向だけを指定したい場合はどうでしょう。順番では3番目と4番目になりますが、3番目を無視して4番目を設定することはできません。3番目を必ず指定しなければなりません。

　そこで「オプション名」を利用します。「オプション名＋:=」に続けてオプションの設定値を書けば、書く順番を守らなくてもよくなります。こうしたオプション名はオプション一つ一つに設定してあります。

　オプション名は、メソッドを入力した後に半角スペースをキーボードから入力することで一覧表示されます。ここでは一つ目のオプション名が「What」であるとわかります。

```
Sub 変換()
    Range("A1:C10").Replace(
End Sub      Replace(What, Replacement, [LookAt], [SearchOrder], [MatchCase], [MatchByte], [SearchFormat], [ReplaceFormat], [FormulaVersion]) As Boolean
```

表示されたオプション名を入力します。「Range("A1:C10").Replace What:="ぶどう", Replacement:="いちご", SearchOrder:=xlByRows」と入力すれば、セルの一部の文字を探すのかの指定をすることなく、検索で優先する方向の指定をすることができます。

Tips

入力候補を使って自動入力する際に表示される一覧で、緑の箱がメソッドで、紙を指で指しているものがオブジェクトまたはプロパティです。

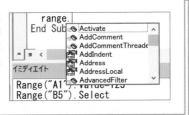

変数

　変数とは値を一時的に格納しておくものです。変"数"と言っても扱えるのは「数」だけではなく、「文字列」も値として使えます。変数にワークシートそのものやブックそのものといったオブジェクトも格納できます。
　値を格納する書式は、「変数名＝値」です。いくつか例を見てみましょう。

・「個数」という変数に「100」という数値を格納する：個数=100
・「商品名」という変数に「りんご」という値を格納する：商品名="りんご"
・「合計金額」という変数に「商品名」という数値と「個数」という数値をかけ合わせた結果を格納する：合計金額=商品名*個数

POINT

「商品名="りんご"」のように値が文字列の場合は、値を""で囲みます。「個数=100」のように格納する値が数値の場合は""では囲みません。

　値ではなくワークシートやブックなどの**オブジェクトを変数に格納する場合は「Set　変数名＝オブジェクト」という書式**になります。例えば「作業ブック」という名前の変数にThisWorkbookを格納するには「Set　作業ブック=ThisWorkbook」と書きます。この「作業ブック」の《売上集計》という名前の

シートを「作業シート」という名前の変数に格納するには「Set 作業シート＝作業ブック.Sheets("売上集計")」と書きます。

変数の使い方

変数は次のように使います。これは今操作しているブックの《売上集計》シートのセル《B2》と、《仕入集計》シートのセル《B2》の値を入れ替えるVBAです。

```
Set mywb=ThisWorkbook
Set mysh1=mywb.Sheets("売上集計")
Set mysh2=mywb.Sheets("仕入集計")
値 = mysh1.Range("B2").Value
mysh1.Range("B2").Value=mysh2.Range("B2").Value
mysh2.Range("B2").Value=値
```

このVBAを日本語に直すと、次のような流れになります。

「mywb」はThisWorkbook（今操作しているブック）です。
「mysh1」は「mywb」（今操作しているブック）の売上集計シートです。
「mysh2」は「mywb」（今操作しているブック）の仕入集計シートです。
「値」は「mysh1」（売上集計シート）のセル《B2》の値です。
「mysh1」（仕入集計シート）のセル《B2》の値は「mysh2」（売上集計シート）のセル《B2》の値です。
「mysh2」（売上集計シート）のセル《B2》の値は変数「値」の値です。

5行目の「mysh1.Range("B2").Value=mysh2.Range("B2").Value」時点でブック上からもともとあった《売上集計》シートのセル《B2》の値はなくなってしまいます。しかし、《売上集計》シートのセル《B2》の値は変数「値」に格納しています。

このように変数を使うことで、消えてしまう要素を変数に格納しとっておいて後で再利用するということができます。もう一つ、変数を使うことで同じキーワードを何度も出さずにプログラムをシンプルにすることができるというメリットもあります。

POINT

先ほどのVBAに「mywb」と「値」という変数が出てきたように、
変数名はアルファベットでも日本語でも設定できます。

セルの表現と値の指定

セルの表現方法

　セルを表現する方法にはRangeオブジェクトのほかにもCellsオブジェクト
での指定があります。

　Rangeでは「Range("A1")」のようにセル参照を文字列で指定できます。また、
セル参照の代わりにテーブル名や名前なども指定もできます。

　それに対してCellsは「Cells(1,2)」のように番号を指定します。この番号は、
行番号、列番号の順に指定します。「Cells(1,2)」は1行目の2列目を指定する
のでセル《B1》を表します。また、列番号に関しては列番号を表すアルファベッ
トも指定できます。「Cells(5,"B")」ならセル《B5》を表します。

　RangeオブジェクトとCellsオブジェクトの違いとして、Rangeオブジェク
トは「Range("A1:Z100")」のように簡単に複数のセル範囲を指定できることが
挙げられます。Cellsオブジェクトで指定できるのは一つのセルだけです。ま
たRangeの使い方はもう一つあります。「Range(一つめのセル,二つめのセル)」
と指定することで範囲を選択することができます。これにより、Cellsオブジェ
クトと組み合わせて複数セルの範囲指定をすることができます。一つめのセル
はセル《A1》で固定とします。二つめのセルは列を《C列》、行を変数「行数」で指
定されたCellsオブジェクトとします。このとき「Range(Range("A1",Cells(行
数,"C")))」で範囲を指定することができます。

　このように、Cellsオブジェクトは行番号と列番号を数値によって指定でき
るので、変数によってセル位置を指定しやすい方法です。ケースによって使い
分けると良いでしょう。

セルの値を指定する

　セルへの値の書き込み方法についても解説します。「Range("A1").
Value=1」でセル《A1》に「1」を書き込みます。「Range("A1:B5").Value=1」なら

《A1からA5》のセル範囲に一度に「1」を書き込みます。「Range("A1:A5").Value=Range("C1:C5").Value」と書けば《A1からA5》のセル範囲の値を《C1からC5》のセル範囲の値にするという動作となります。Valueは「値のコピー」と同じく計算結果を書き込みます。

　計算式をコピーしたい場合は、「Formula」を使います。「Range("A1:A5").Formula=Range("C1:C5").Formula」は《A1からA5》のセル範囲の計算式を《C1からC5》のセル範囲の計算式にするという動作です。この場合は数式のコピーとは違って、あくまで《C1からC5》のセル範囲に入力されている数式がそのまま《A1からA5》のセル範囲に入ります。

> **Tips**　スピルの計算式を指定する場合は、「Formula」ではなく「Formula2」を使います。「Formula2」を使わないと結果が一つのセルにしか入りません。

EndとOffsetでセルの位置を指定する

　データをテーブルなどの一覧表に追加する場合においては、セル《A1》からデータが入っているセルまで下に移動し、その一つ下に追加するという指定をします。

　そのような場合に使うのが「End」と「Offset」です。

　セル《A1》をクリックし、Ctrlキーを押したままカーソルキーを押すと、その方向の入力されている最後のセルまで移動します。これが「End」です。Endには上下左右の四つの方向があります。それぞれ引数で指定します。

　《A1からE5》まで空白なく入力されているセル範囲を例に考えます。それぞれ次のような動きをします。

Range("C3").End(xlUp).Select：セル《C3》から上方向に動き、セル《C1》を選択します。
Range("C3").End(xlDown).Select：セル《C3》から下方向に動き、セル《C5》を選択します。
Range("C3").End(xlLeft).Select：セル《C3》から左方向に動き、セル《A3》を選択します。

Range("C3").End(xlRight).Select：セル《C3》から右方向に動き、セル《E3》
を選択します。

　「Offset」は、引数で指定した分だけ、そのセルより下と右にいくつか移動し
たセルを指します。下、右の順で指定し、右は指定せず下だけを指定してもよ
いです。例えば「Range("A1").Offset(5,3).Select」は、セル《A1》から数え
て下に5セル目、右に3セル目にあたるセル《D6》を選択します。
　EndとOffsetを組み合わせると、セル《A1》から始まる表に対し、次に追加
するセル（＝入力済みのセルの一つ下のセル）は、「Range("A1").
End(xlDown).Offset(1).Select」で選択できます。
　また、一覧表全体を指定したい場合もあります。テーブルでは「Range("tbl
見積")」のように指定すればテーブルのデータだけの領域を選択できますが、
セル《A1》から連続している一覧表範囲といった範囲指定をしたい場合もあり
ます。その場合に使うのが「CurrentRegion」です。《A1からE5》のセル範囲に
空白なく入力されている場合において、「Range("C3").CurrentRegion.
Select」は《A1からE5》のセル範囲を選択します。

変数の宣言と変数の型 ▼

　「変数」は「宣言」することによって、自動候補の一覧に表示されるようになり、
作成時間の短縮や間違い防止に役に立ちます。変数の宣言は、「変数名」に加え
て「変数の型」も指定します。

変数の型

　「変数の型」とは、どんなタイプの変数なのか表すものです。変数に格納でき
るものは「整数」「小数点まである数」「文字」「日時」「シート」「ブック」「図形」「グ
ラフ」などさまざまです。このうちどれを格納できるのかを型で指定します。
　主な変数の型は次のとおりです。

変数の型の名前	変数の形	内容
String	文字型	文字列
Integer	整数	-32768 ～ 32767
Long	大きな整数	-2147483648 ～ -2147483647
Boolien	論理型	True か False か
Double	小数点型	小数点を含む数字
Workbook	ブック型	ブック
WorkSheet	ワークシート型	ワークシート
Range	セル型	セル
Cell	セル型	セル

変数の宣言

　変数の宣言は「Dim 変数名 As 変数の型」と指定して行います。

　例えば、変数「c1」を「整数型」として宣言するには「Dim c1 As Long」です。変数「c1」を「ブック型」として宣言するなら「Dim c1 As Workbook」です。

　変数の型を指定するのは必須ではありません。省略した場合、変数の型はどの型にも対応する「Variant」型として扱われます。しかし、変数の型を宣言すれば「数値だと思っていたら実際は文字だった」といったような間違いにすぐ気付くことができます。他にも自動候補に表示されたり、動作時のパソコンの負荷を減らしたりもできます。できる限り変数の型は宣言しましょう。

変数の宣言は強制もできます。変数の宣言を強制するには、モジュールの一番上に「Option Explicit」という行を入力するだけです。また、VBEの【ツール】メニューの【オプション】をクリックし、【編集】タブの【変数の宣言を強制する】のチェックを入れておくと、次にVBEを起動したときからすべてのモジュールの1行目に「Option Explicit」が初めから入っている状態になります。

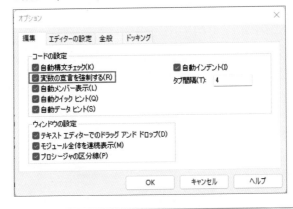

シートやブックに記述するVBA

　VBAはモジュールのほかに、シートやブックに対しても記述することができます。シートやブックに記述するVBAは、記述されたシートやブックに変化があったときに動作します。例えば「選択しているセルが変わったときに動作する」「セルの値が変更されたときに動作する」といった自動化ができます。このようなVBAが起動する仕組みを「イベント」と呼びます。

　ただし、シートやブックに記載したVBAは記載されたシートでしか動作できません。さまざまなシートやブックで動作させたいVBAはモジュールに記載します。

　本書で紹介する例では、VBAやマクロを開始するためには図形にマクロを登録し、その図形をクリックしなければなりません。しかし、それだと操作し忘れすることがあるかも知れません。一連の操作の流れの中でVBAやマクロが起動するようにしておくと便利です。

　このような起動の方法をとるVBAはシートやブックに記述します。「プロジェクトエクスプローラー」の中にシートがあるので、それをダブルクリックする

と、コード画面が表示されます。

ここで上の方の「(General)」と書いてある下向き三角をクリックすると❶、
「WorkSheet」が選択できるのでクリックします❷。

コードに「Private Sub Worksheet_SelectionChange(ByVal Target As
Range)」が追加されます。これはそのVBAを記載しているシートにおいて「ワー
クシートの選択しているセルが変わったら」という意味です。セルをクリック
したときに動き出すようにするのによく使います。新たにアクティブセルに
なったセルは「Target」というRange型の変数に格納されています。

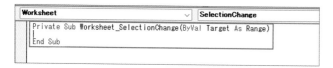

あとは「Private Sub Worksheet_SelectionChange(ByVal Target As
Range)」と「End Sub」の間に動作を記述します。例えば新たに選ばれたセルの
値をセル《A1》に書き込むのであれば、「Range("A1").Value=Target.Value」
と書きます。

Tips

【Worksheet_SelectionChange】の下向き三角をクリックすると、さまざまな動作に対して設定することができるようになっているのがわかります。

メッセージボックス

画面上にマクロの動作が終わったことを告げるメッセージを表示することができるのが「メッセージボックス」です。メッセージボックスを表示するための書式は「MsgBox 表示するメッセージ」です。

VBAで「MsgBox "マクロは終了しました"」と記述すれば次のようなメッセージを表示できます。

メッセージボックスにはもう一つの使い方があります。マクロは一度動いてしまうと最後まで動作しますが、メッセージボックスを用いてその間にどうするか聞くことができます。例えばマクロででき上がった請求書を印刷するかしないかをそのときに判断できるメッセージを表示することができるのです。

選択肢はさまざまな形がありますが、最もシンプルなものは「vbYesNo」を使った「はい」「いいえ」から選択するメッセージボックスです。メッセージボッ

クスで「はい」がクリックされたら「vbYes」、「いいえ」がクリックされたら「vbNo」になります。それをIf文で判断し分岐させます。

　実際には次のような形になります。請求書作成マクロを実行した後、下図のような印刷するかどうかのメッセージボックスを表示し、「はい」がクリックされたら今選択されているシートを印刷するというVBAです。

```
Sub 印刷するかどうか()
    Call 請求書作成
    If MsgBox("印刷しますか？",vbYesNo)=vbYes Then
        ActiveSheet.Print
    End if
End Sub
```

同じシートを何度も指定する

　VBAを記述していると、まったく同じシートにさまざまな動きを付ける場合があります。その場合、次のような記述になってしまいます。

```
Sheets("見積").Range("A1").Copy
Sheets("見積").Range("B1").PasteSpecial xlAll
Sheets("見積").Range("C1:D3").Copy
Sheets("見積").Range("E1").PasteSpecial xlValues
Sheets("見積").Range("A1").Select
```

なんどもSheets("見積")を記述するのは面倒ですが、安定動作のためには

シート名は記述したいところです。

　そこで、何度も同じところを記述するときには「With」を使います。Withを使うと次のようにすっきりとします。

```
With Sheets("見積")
  .Range("A1").Copy
  .Range("B1").PasteSpecial xlAll
  .Range("C1:D3").Copy
  .Range("E1").PasteSpecial xlValues
  .Range("A1").Select
End With
```

　何度も登場するオブジェクト名の前にWithをつけ、それ以降では「.」から始まったものはWithで指定したオブジェクトとなります。最後に「End With」で閉じます。

テーブルに対するVBA

　本書ではテーブル機能を数多く使います。VBAにおいて、テーブルの指定は普通のセルの指定とは少し違います。特にテーブルの範囲を指定したり、データを削除したりするVBAでは、その範囲の指定方法に気を付けます。

　テーブルのデータはRangeオブジェクトではなく、「ListObject」というオブジェクトで指定します。ListObjectオブジェクトの前にはRangeオブジェクトを記述し、テーブルの属しているセルを指定します。Rangeオブジェクトで指定するのは《A1》のようなセル参照だけではなく、「テーブル名」で指定することもできます。

　本書では、ListObjectオブジェクトの次に記述する「DatabodyRange」を使います。「DatabodyRange」は、テーブルのうち1行目の項目名を抜いたデータ範囲すべてを指します。「見積書」「納品書」「請求書」の三つに対して、入力値のリセットと見積データが全部入っている「Tbl見積」のデータを入れ替えるときに「Range("セルまたはテーブル名").DataBodyRange.Delete」を使います。

「ListObject」の次に記述するオブジェクトには、DatabodyRange のほかに1行目の項目名だけを表す「HeaderRowRange」、集計行を表す「TotalsRowRange」などがあります。

実際に動作には関係なくメモとして残しておきたい情報は「'」の後に続けて入力すれば実行には関係なく記載できます。これを「コメント」と呼びます。

第 **8** 章

VBAを操作する

8.1 VBAのサブルーチンの作成

操作

> ここから実際にVBAを作成していきます。見積データの読み取り、PDF作成、処理の登録といった何度も処理する動作を最初に作成します。

今回、「見積書を発行してから入金する」という仕事の流れとして、次のような作業があります。

	作業	処理	発行する書類
①	見積書の作成	見積の登録	見積書
②	見積書の変更	見積の登録	見積書
③	注文請け	注文日の登録	なし
④	納品	納品日の登録	納品書
⑤	請求	請求日の登録	請求書
⑥	入金	入金日の登録	なし

この表の「発行する書類」に注目すると、「見積書」「納品書」「請求書」を作成することがわかります。特定の案件番号に対応するデータをテーブル《tbl見積》の中から読み取りこれらの書類に書き込みます。同じような作業を何度も行う場合、事前に作成した特別なVBAコードを使い回すことができます。このVBAコードを「サブルーチン」と呼びます。

今回の場合、同じ処理が三つあります。一つ目は「見積書」「納品書」「請求書」の各シートに特定の案件番号のデータを書き込むものです。二つ目はこれらのシートを元にPDFファイルを作成するものです。三つ目は処理日を登録するものです。

サブルーチンを作成しておけば、「データ更新("見積書")」というように関数

254 | 8.1 VBAのサブルーチンの作成

を呼び出すことができます。このとき、シート名をサブルーチンの「引数」として指定します。

1. 見積書・納品書・請求書の各シートに《tbl見積》の内容を呼び出す

　まず、VBEを開いてVBAを記入するシートを表示します。 Alt キーを押したまま F11 のキーを押して、VBEを起動します。212ページで記録したマクロの内容がVBAに変換されて表示されています。記録したマクロは、VBEで後から編集することが可能です。

　VBAをこの「M案件登録」の下に入力しても動作しますが、「M案件登録」はマクロの記録をしたもの、手入力で入力したものは手入力で入力したもの、というように分けたいので、このVBAを記入するシート（モジュール）を新たに作成します。

では、新たなモジュールを作成します。【挿入】メニューをクリックし❶、【標準モジュール】をクリックします❷。

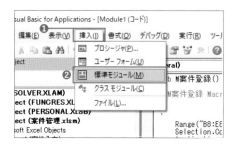

　画面の左側に「Module2」が追加されていることを確認します❶。また、変数の宣言を強制する設定（247ページ参照）にしていない場合は、1行目に「Option Explicit」と入力します❷。

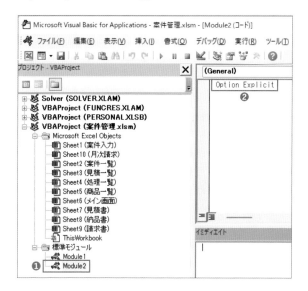

　さて、見積書・納品書・請求書の各シートでは、テーブル《tbl見積》の中からセル《I2》の案件番号にある見積内容を表示する計算式を作成しています。表示する範囲はセル《I10》からで、計算式には「FILTER関数」を使っています。案件番号が「2」の場合、次のような表示になります。

	G	H	I	J	K
	2023/8/1		案件番号		PDFファイル
			2		見積書医療法

一覧へ

見積登録

	計	
00	5,000,000	医療支援システム	1
00	770,000	POSレジ	1
00	12,800,000	ネットワークト	1
00	17,000,000	バックアップト	1
00	90,000	サーバー	1
00	142,500	高性能サーバー	1
00	24,000	技術料A	20
	35,826,500	技術料B	30
%)	3,582,650	技術料C	20
	39,409,150	マウス	3

これはテーブル《tbl見積》の「商品」と「個数」のデータです。このデータを現存黄色の色が付いたテーブル《tbl見積書》の「商品」データを「個数」データと入れ替えます。データを入れ替えると、テーブルの機能によって他の列のデータも置き換わったデータに合わせて更新されます。

そのためには、すでにテーブルのセル《A10》から入っているデータが邪魔です。入れ替える前に内容を削除します。

9	通し番号	日付	案件番号	商品	個数	単価	計
10	1	8月1日	2	医療支援システム	2	2,500,000	5,000,000
11	2	8月1日	2	タブレット端末	11	70,000	770,000
12	3	8月1日	2	サーバー	16	800,000	12,800,000
13	4	8月1日	2	高性能サーバー	17	1,000,000	17,000,000
14	5	8月1日	2	技術料A	18	5,000	90,000
15	6	8月1日	2	技術料B	19	7,500	142,500
16	7	8月1日	2	出張費	2	12,000	24,000
17						小計	35,826,500
18						消費税額(10%)	3,582,650
19						合計	39,409,150

また、それぞれのシートの表示内容はテーブルになっており、計算式も作成されています。

ここで、テーブル内にデータがあればそれを削除できますが、データがない

ときにはどうなるのかを考えてみましょう。実はテーブルのデータはそのデータが1件もないときにVBAで自動的に削除しようとするとエラーになります。そこで、はじめにダミーの1行を書き込んでおくことでこのエラーを回避します。「商品」にはテーブル《tbl商品》にあるデータしか入力できないので、ダミーデータの入力には向いていません。それより「個数」にダミー数値を入力した方が簡単なので、「個数」に「1」と書き込んでからテーブルのデータを削除することにします。また、セル《I10》はスピル範囲なので「I10#」と入力すれば指定できます。

まとめると、「シートとテーブル名を引数として指定して、テーブルの内容を消し、セル《I10》からのスピル範囲をコピーし、「商品」データの先頭であるセル《D10》に貼り付ける」関数を作成します。

シート名を「書類名」という引数として使い、テーブル名は書類名の前に「tbl」が付くものなので文字列結合し、「テーブル名」という変数にします。そうすると、次のようなVBAになります。

```
Function データ更新(ByVal 書類名 As String)
Dim テーブル名 As String
    テーブル名 = "tbl" & 書類名
    Sheets(書類名).Range("E10").Value = 1
    Sheets(書類名).Range(テーブル名).ListObject.
DataBodyRange.Delete
    Sheets(書類名).Range("I10#").Copy
    Sheets(書類名).Range("D10").PasteSpecial xlPasteValues
End Function
```

最初に出てくる「ByVal」とは、引数の受け渡し方法の一つであり、「データ更新」のサブルーチンの中でのみその引数が使用される設定です。「ByVal」を使うと、サブルーチン内で加工した値が呼び出し元のSubに戻りません。サブルーチンの中で使い切ってしまうため、呼び出しもとには影響を与えません。このため、誤った動作をする可能性が低くなるメリットがあります。

「Sheets(書類名).Range(テーブル名).ListObject.DataBodyRange.Delete」の「Delete」は削除です。「Sheets(書類名).Range("I10#").Copy」の「Copy」はコピーです。

「Sheets(書類名).Range("D10").PasteSpecial xlPasteValues」の「PasteSpecial」は「形式を選択して貼り付け」で、その後の「xlPasteValues」が「値」を示しています。形式を選択して貼り付けのように操作の選択肢が多い場合は、このように半角スペースを空けて「オプション設定」を指定します。

VBAの内容を日本語に直してまとめると、次のような流れになります。

「書類名」を文字型データの引数として受け渡します。
変数「テーブル名」を「文字型データ」として宣言します。
変数「テーブル名」は文字列「tbl」と「書類名」を文字列結合します。
(「個数」項目の1件目である)セル《E10》のセルに「1」を入力します。
「書類名」シートにあるテーブル《テーブル名》のデータ範囲を削除します。
「書類名」シートの《I10》から始まるスピル範囲をコピーします。
「書類名」シートの《D10》に値として貼り付けます。

では、上のVBAを「Option Explicit」の下に入力します。できるだけ入力候補を使い、効率よく入力していきましょう。

```
(General)                              ∨   PDF作成
   Option Explicit

   Function データ更新(ByVal 書類名 As String)
   Dim テーブル名 As String
   テーブル名 = "tbl" & 書類名
     Sheets(書類名).Range("E10").Value = 1
     Sheets(書類名).Range(テーブル名).ListObject.DataBodyRange.Delete
     Sheets(書類名).Range("I10#").Copy
     Sheets(書類名).Range("D10").PasteSpecial xlPasteValues
   End Function
```

> **Tips**
>
> サブルーチン内で受け取った変数を加工し、その値を呼び出しもとに返す場合は、「ByRef」と指定する必要があります。「ByRef」を指定することで、サブルーチン内での変更が元の変数に反映されるため、加工された値を送り返すことができます。しかし、今回のケースでは呼び出し元のSubの中でそのまま引数の値を使われると、意図しない動作をする可能性があるため、すべての変数について使いきりの「ByVal」の設定を行います
> 「ByRef」にすると、サブルーチン内で加工した値が呼び出し元のSubに戻ります。加工した値を元のSubで続行して使用したい場合に便利ですが、注意が必要です。続行して使用することを意識せずに設定すると、変数の値が予期せず変わってしまい、想定外の動作が発生することがあります。なお、引数に「ByRef」「ByVal」を指定しない場合はデフォルトで「ByRef」となります。

サブルーチンは直接動作させることができないので、イミディエイトウィ
ンドウにそのサブルーチンを入力・実行して、その結果を確認します。
《メイン画面》シートのセル《H2》の案件番号を「2」とし、《見積書》シートを
表示します。イミディエイトウィンドウに「Call データ更新("見積書")」
と入力し、Enterキーを押します。「Call」はサブルーチンを呼び出して
動作させる命令です。

次のようなメッセージが表示さる場合があります。これは毎回、テーブル
のデータをVBAで削除するたびに出ます。それでは自動化の妨げになる
ので、「次回からこのダイアログを表示しない」のチェックを入れ【OK】ボ
タンをクリックします。

《見積書》シートのデータがセル《I10》からの内容と同じになることを確認
します。

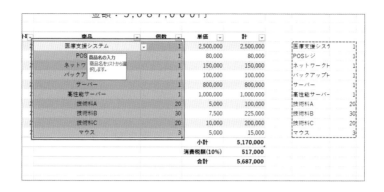

金額：5,087,000円」

2. 見積書・納品書・請求書の各シートでPDFファイルを作成する ▼

　見積書、納品書、請求書の各シートでは、印刷の設定がすでにされているため、PDFファイル出力する動作のみをすればPDFファイルが作成されます。また、セル《K2》にPDFファイル名を求める計算式があります。

　では、シート名を指定し、セル《K2》の値をファイル名としたPDFファイルを作成するサブルーチンを作成します。このVBAを「Function　データ更新」の下に入力しましょう。

```
Function PDF作成(ByVal シート名 As String)
  Dim PDFファイル名 As String
  PDFファイル名 = Sheets(シート名).Range("K2").Value
  Sheets(シート名).ExportAsFixedFormat _
    Type:=xlTypePDF, _
    Filename:=PDFファイル名, _
    OpenAfterPublish:=False
End Function
```

　「Sheets(シート名).Range("K2").Value」のValueは値です。

　「ExportAsFixedFormat」はPDFを作成するときの命令です。これを使えばPDFファイルが作成できると覚えておきましょう。

　VBAの内容を日本語に直してまとめると、次のような流れになります。

「シート名」を文字型変数で受け取ります。

「PDFファイル名」という文字型変数を使うことを宣言します。

「PDFファイル名」は、シート名が計算されているセル《K2》の値を使います。

シートを指定したファイル形式で出力します。

ファイル形式はPDFです。

ファイル名は変数PDFファイル名です。

ファイルを作成した後にファイルは表示しません。

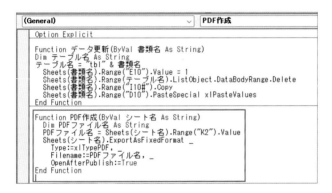

```
(General)                        ∨    PDF作成

Option Explicit

Function データ更新(ByVal 書類名 As String)
Dim テーブル名 As String
テーブル名 = "tbl" & 書類名
  Sheets(書類名).Range("E10").Value = 1
  Sheets(書類名).Range(テーブル名).ListObject.DataBodyRange.Delete
  Sheets(書類名).Range("I10#").Copy
  Sheets(書類名).Range("D10").PasteSpecial xlPasteValues
End Function

Function PDF作成(ByVal シート名 As String)
  Dim PDFファイル名 As String
  PDFファイル名 = Sheets(シート名).Range("K2").Value
  Sheets(シート名).ExportAsFixedFormat _
    Type:=xlTypePDF, _
    Filename:=PDFファイル名, _
    OpenAfterPublish:=True
End Function
```

▼動作確認

イミディエイトウィンドウに「Call PDF作成 ("見積書")」と入力し、
Enter キーを押します。

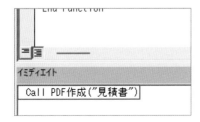

```
      End Function


≡≡   ────────

イミディエイト
 Call PDF作成("見積書")
```

見積書のPDFファイル「見積書医療法人BCD（案件番号2）.pdf」が作成されます。通常であれば、「案件登録」のファイルのあるフォルダか、「ドキュメント」フォルダに作成されています。PDFファイルを確認したら、閉じておきましょう。

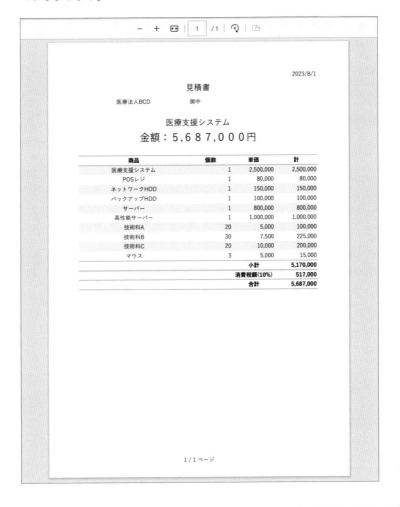

シート《処理一覧》にある《tbl処理》に対し、案件番号と、注文日、納品日、請求日、入金日を追加するVBAを作成します。

	A	B	C	D	E	F	G
1	日付 ▼	案件番号 ▼	処理名 ▼		日付	案件番号	処理名
2	2023/7/31	2	注文		2023/8/1	2	請求
3	2023/7/31	2	納品				
4	2023/7/31	2	請求				
5	2023/8/2	2	注文				
6	2023/8/4	2	納品				
7	2023/8/6	2	請求				
8	2023/8/8	2	入金				
9	2023/8/3	1	注文				
10	2023/7/15	3	納品				
11	2023/7/23	4	納品				
12							

テーブル《tbl処理》の《A列》の「日付」の項目に記録された日が最終的に《メイン画面》シートの日付になります。

セル《E2》には現在の日付が入っています。セル《H2》に「案件番号」が入っています。セル《G2》には「注文」や「請求」といった「処理名」を記入するようになっています。《E2からG2》のセル範囲を《tbl処理》の最終行の次の行にコピーし、データとして追加されるサブルーチンを作成します。次のVBAを「FunctionPDF作成」の下に作成します。

```
Function 処理登録(処理名 As String)
    Sheets("処理一覧").Range("G2").Value = 処理名
    Sheets("処理一覧").Range("E2:G2").Copy
    Sheets("処理一覧").Range("A1").End(xlDown).Offset(1).
PasteSpecial xlPasteValues
End Function
```

VBAの内容を日本語に直してまとめると、次のような流れになります。

「処理名」を文字列で受け取ります。
処理名をセル《G2》に入力します（この時点で《E2からG2》のセル範囲がテーブ

ル《tbl処理》に追加するデータです)。

《E2からG2》のセル範囲をコピーします。

セル《A1》より下に連続している範囲を見ていって最後のセルより一つ下のセルに、「値」として貼り付けます。

▼ 動作確認

《メイン画面》シートのセル《H1》に案件番号「1」を入力します。

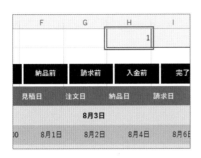

イミディエイトウィンドウに「Call 処理登録("納品")」と入力し、[Enter]キーを押します。

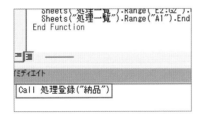

《メイン画面》シートのセル《H5》の案件番号「1」の「納品日」が記入されることを確認します。

その元となったテーブル《tbl処理》の最終行に、案件番号「1」の「納品」で「処理日」が「2023/8/1」として追加されていることを確認します。

	A	B	C	D	E	F	G
1	日付	案件番号	処理名		日付	案件番号	処理名
2	2023/7/31	2	注文		2023/8/1	1	納品
3	2023/7/31	2	納品				
4	2023/7/31	2	請求				
5	2023/8/2	2	注文				
6	2023/8/4	2	納品				
7	2023/8/6	2	請求				
8	2023/8/8	2	入金				
9	2023/8/3	1	注文				
10	2023/7/15	3	納品				
11	2023/7/23	4	納品				
12	2023/8/1	1	納品				
13							

8.2 見積書を追加・更新する

サンプル　before8-2.xlsm

┤ 操 作 ├

> 見積書を追加・更新するためのVBAを作成します。前の節で作った
> サブルーチンを利用します。

　では作成したサブルーチンを使った、実際に動作するVBAを作成していきます。
　《見積書》シートでは、新規の案件の場合、見積書の内容を入力していくことになります。見積データが入力されている案件の場合は、データの更新となります。テーブル《tbl見積》に入力されていたデータを呼び出し、見積書に表示し、それからデータの修正や追加、削除を行います。そのために指定した案件番号のデータをテーブル《tbl見積》から呼び出すサブルーチン「データ更新」が作成してあります。

新規の場合と更新の場合の二つのVBAが必要になるように思えます。新規の案件の場合ですが、《tbl見積》には当然その案件がありません。よって《見積書》シートのセル《I10》には、何もないことを示す「#CALC!」エラーある1行だけになります。この状態のセル《I10》を見積書にサブルーチン「データ更新」で貼り付けたとしても、エラーの行が1行入るだけで、商品を下向き三角で選びなおせばエラーではない表示になります。

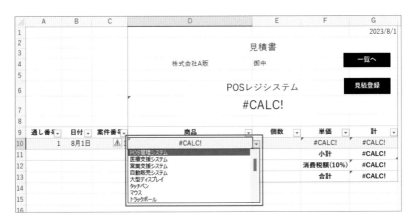

　サブルーチン「データ更新」で引数を「見積書」で呼び出すと、新規の案件番号の場合は「#CALC!」のエラー値が1行だけ見積書に貼り付けられ、そのまま登録が始まります。対してすでに登録されている案件番号の場合は、案件番号に該当するテーブル《tbl見積》のデータが貼り付けられ、すぐに内容の更新が始まります。このように新規と更新の場合の二つの処理を作らずに一つの処理で両方の動作をさせることができます。

　ここからはサブルーチンではなく、サブルーチンを組み合わせて実際に動作するVBAを作成します。以下のVBAを「Function 処理登録」の下に入力しましょう。

```
Sub 見積書更新()
    Call データ更新("見積書")
End Sub
```

```
Function 処理登録(処理名 As String)
    Sheets("処理一覧").Range("G2").Value = 処理名
    Sheets("処理一覧").Range("E2:G2").Copy
    Sheets("処理一覧").Range("A1").End(xlDown).Offset(1)
End Function

Sub 見積書更新()
    Call データ更新("見積書")
End Sub
```

▼ 動作確認

《メイン画面》シートのセル《H1》にデータ更新を想定し案件番号「7」を入力します。

VBE上の「Sub 見積書更新」の中をクリックし、【Sub/ユーザーフォームの実行】ボタンをクリックします。

シート《見積書》のテーブル《tbl見積書》のデータが「#CALC!」のデータ1件になることを確認します。

《メイン画面》シートのセル《H1》にデータ更新を想定し案件番号「2」を入力
します。

VBE上の「Sub 見積書更新」をクリックし、【Sub/ユーザーフォームの実行】
ボタンをクリックします。

シート《見積書》のテーブル《tbl見積書》のデータが案件番号「2」のデータと
して登録されている10件のデータになっていることを確認します。

通し番号	日付	案件番号	商品	個数	単価	計
1	8月1日	2	医療支援システム	1	2,500,000	2,500,000
2	8月1日	2	POS	1	80,000	80,000
3	8月1日	2	ネットワ	1	150,000	150,000
4	8月1日	2	バックア	1	100,000	100,000
5	8月1日	2	サーバー	1	800,000	800,000
6	8月1日	2	高性能サーバー	1	1,000,000	1,000,000
7	8月1日	2	技術料A	20	5,000	100,000
8	8月1日	2	技術料B	30	7,500	225,000
9	8月1日	2	技術料C	20	10,000	200,000
10	8月1日	2	マウス	3	5,000	15,000
					小計	5,170,000
					消費税額(10%)	517,000
					合計	5,687,000

8.3 納品書・請求書を発行する

サンプル　before8-3.xlsm

―――| 操作 |―――

> 納品書と請求書を発行するためのVBAを作成します。処理が終了し
> たときにどのシートを表示しいていると使いやすいのかを考えるのが
> ポイントです。最初に納品書を発行する方法を覚えれば、請求書を発
> 行する方法もほぼ同じです。

納品書を発行する ▼

　納品書を発行する流れを見てみましょう。まずシート《納品書》に対し、サブ
ルーチン「データ更新」を実行します。次にシート《納品書》のPDFファイルを
サブルーチン「PDF作成」にて作成します。そしてサブルーチン「処理登録」で
納品日を登録し、最後にメイン画面に戻りセル《A4》を選択します。次のVBA
を「Sub 見積書更新」のVBAの下に入力します。

```
Sub 納品書印刷()
    Call データ更新("納品書")
    Call PDF作成("納品書")
    Call 処理登録("納品")
    Sheets("メイン画面").Select
    Sheets("メイン画面").Range("A4").Select
End Sub
```

```
Sub 見積書更新()
    Call データ更新("見積書")
End Sub

Sub 納品書印刷()
    Call データ更新("納品書")
    Call PDF作成("納品書")
    Call 処理登録("納品")
    Sheets("メイン画面").Select
    Sheets("メイン画面").Range("A4").Select
End Sub
```

VBAの内容を日本語に直してまとめると、次のような流れになります。

納品書のデータ更新を行います。
納品書のPDFファイルを作成します。
処理「納品」を登録します。
《メイン画面》シートに戻ります。
《メイン画面》シートのセル《A4》を選択します。

「Sheets("メイン画面").Select」でシートを選び、「Sheets("メイン画面").Range("A4").Select」でシートとセルを選んでいます。シートを2回選択しているのは無駄なような気がします。しかし、「Sheets("メイン画面").Select」を実行せず「Sheets("メイン画面").Range("A4").Select」を実行するとエラーになります。ですので、今表示しているシート以外のセルへ移動するときは、このようにシート指定をしてからシートの指定とセルの指定をします。

▼ 動作確認

《メイン画面》シートを表示し、セル《B1》の日付に「2023/8/15」の日付を入力します。

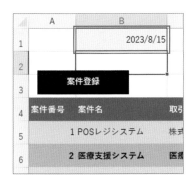

VBE上の「Sub 納品書印刷」の中をクリックし、【Sub/ユーザーフォームの実行】ボタンをクリックします。

```
C  ▶ II ■ ≤ ≌ ☟ ☜ ✻ ❷ | 32 行, 10 桁
                                                                  ▲
                    ×   (General)                        ∨   納品書印
              Sheets("処理一覧").Range("A1").End(xlDown).Offse
            End Function

            Sub 見積書更新()
              Call データ更新("見積書")
            End Sub

            Sub 納品書印刷()
              Call データ更新("納品書")
              Call PDF作成("納品書")
              Call 処理登録("納品")
              Sheets("メイン画面").Select
              Sheets("メイン画面").Range("A4").Select
            End Sub
```

案件番号「2」の「納品日」が「8月15日」になっていることを確認します。

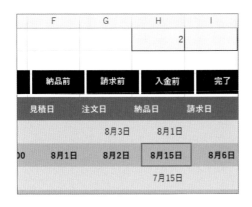

シート《処理一覧》の14行目に「2023/8/15」に「案件番号」「2」で「納品」の「処理」が登録されていることを確認します。

▲	A	B	C
1	日付 ▼	案件番号 ▼	処理名 ▼
2	2023/7/31	2	注文
3	2023/7/31	2	納品
4	2023/7/31	2	請求
5	2023/8/2	2	注文
6	2023/8/4	2	納品
7	2023/8/6	2	請求
8	2023/8/8	2	入金
9	2023/8/3	1	注文
10	2023/7/15	3	納品
11	2023/7/23	4	納品
12	8/1/2023	1	納品
13	8/15/2023	2	納品
14			

PDF ファイル「納品書医療法人BCD（案件番号2).pdf」が作成されている
ことを確認します。納品書のPDFファイルを確認したら閉じます。

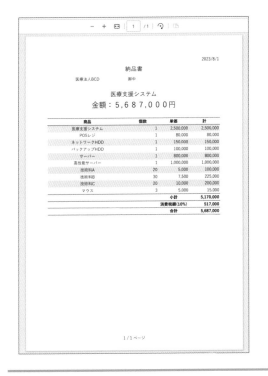

請求書を発行する

　請求書の発行は発行するものが納品書から請求書になっただけで、納品書の発行の流れと同じです。操作するシートが《請求書》シートで、処理の登録が「請求」になっただけです。「Sub 請求書印刷」のVBAの下に次のVBAを入力します。

```
Sub 請求書印刷()
    Call データ更新("請求書")
    Call PDF作成("請求書")
    Call 処理登録("請求")
    Sheets("メイン画面").Select
    Sheets("メイン画面").Range("A4").Select
End Sub
```

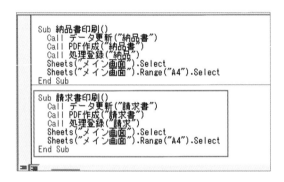

メイン画面を表示し、VBE 上の「Sub 請求書印刷」をクリックし、【Sub/ ユーザーフォームの実行】ボタンをクリックします。

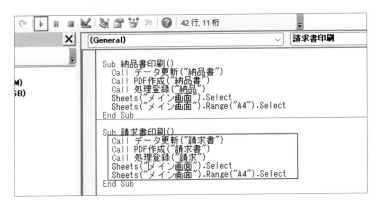

案件番号「2」の「請求日」が「8 月 15 日」になっていることを確認します。

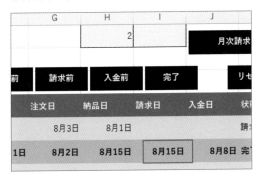

シート《処理一覧》の 15 行目に「2023/8/15」に案件番号「2」で「請求」の「処理」が記録されていることを確認します。

	A	B	C
1	日付 ▼	案件番号 ▼	処理名 ▼
2	2023/7/31	2	注文
3	2023/7/31	2	納品
4	2023/7/31	2	請求
5	2023/8/2	2	注文
6	2023/8/4	2	納品
7	2023/8/6	2	請求
8	2023/8/8	2	入金
9	2023/8/3	1	注文
10	2023/7/15	3	納品
11	2023/7/23	4	納品
12	8/1/2023	1	納品
13	8/15/2023	2	納品
14	8/15/2023	2	請求
15			

PDFファイル「納品書医療法人BCD（案件番号2).pdf」が作成されていることを確認します。PDFファイルを確認したら閉じます。

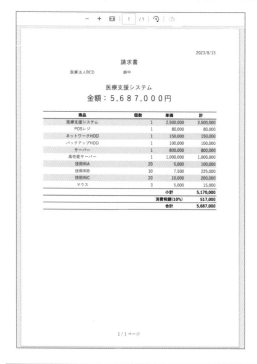

8.4 見積書を発行して登録する

サンプル before8-4.xlsm

┤ 操 作 ├

見積書を追加・更新するためのVBAを作成します。前の節で作っ
たサブルーチンを利用します。また、条件に応じて処理を分岐させ
るためにIf文と呼ばれる文法を利用します。

シート《見積一覧》のテーブル《tbl見積》には、すべての商品の見積データが
案件ごとに一覧で格納されています。このようにテーブルにデータを格納する
仕組みを作ります。

この処理の中で、状態によって処理を実行するかどうかの分岐を行います。
計算式が入っているのでテーブルの設定により、《A列》の「通し番号」から《E列》
の「個数」までのデータを下に追加すれば、《F列》の「単価」と《G列》の「計」は自
動的に求められました。「見積書を発行し登録する仕組み」を作成する前に、見
積書を発行するにはテーブル《tbl見積》に対して、どのような操作が必要になっ
て、どういった手順で作成しなければならないかを整理しましょう。ポイント
は、Excelでデータを更新するときの処理の手順です。

新しい案件を見積のデータに入力するのは、追加の作業です。その場合は、
テーブル《tbl見積》の下に、シート《見積書》のテーブル《tbl見積書》を追加すれ
ばよいです。

対して、すでに入力されている案件を変更する場合、四つのパターンがあり
ます。「新たな商品を追加する場合」「登録されている商品を変更する場合」「登
録されている個数を変更する場合」「登録されている商品を削除する場合」です。
それぞれの場合に対しての動きを仕組みとして盛り込んでいくと複雑になって
いきます。

そこで、データの一部だけを書き直すのではなく、テーブル全体を作り直す
という方法に変えてみます。具体的には、「①テーブル《tbl見積》の中から入れ
替えたい案件番号のデータを省いてコピーする」「②テーブル《tbl見積》のデー
タを一度削除する」「③コピーしたデータをテーブル《tbl見積》に貼り付けて、

テーブル《tbl見積書》のデータもそこに加える」という順番のシンプルな内容です。これにより、どんなデータの変更のパターンでも変更した内容に置き換わります。

テーブル《tbl見積》の中から入れ替えたい案件番号のデータを省くためには、まず「FILTER関数」を使ってシート《見積》のセル《I2》にデータを作成します。テーブル《tbl見積》を最終的に入れ替えるため、テーブル《tbl見積》の内容は削除します。

しかし、テーブルの内容を削除すると「FILTER関数」で求めた結果も消えてしまいます。元データであるテーブル《tbl見積》を消す前に、「FILTER関数」の計算結果の値を一時的に保管する必要があります。

計算式や関数の結果だけを保管するには、計算結果の範囲をコピーして、別のセル範囲に「値」として貼り付けをします。「値」として貼り付けをすると、元のデータが変更されたり削除されたりしても、計算結果は変わりません。

要するに、計算結果を保持するために、計算式ではなく「値」としてデータを貼り付けして保管する必要があるということです。この手順を踏むことで求めた結果を安全に保持しながら、テーブル《tbl見積》の内容を入れ替えることができます。

データを入れ替え見積書を発行する処理は、次の手順で行います。

1. 「FILTER関数」で求めた結果をコピーし、「値として貼り付け」します。
2. テーブル《tbl見積》を全部削除します。
3. コピーして値となった範囲をテーブル《tbl見積》に貼り付けます。
4. 指定されている案件番号以外のデータが《tbl見積》に一覧となります。
5. 値として貼り付けたセル範囲は削除します（次に「FILTER関数」を設定した時点で「#スピル!」エラーになりますので、「FILTER関数」で値に変換したセルは安全のため列ごと「削除」します）。
6. テーブル《tbl見積》の下にテーブル《tbl見積書》を追加します。
7. 最後にテーブル《tbl見積》を案件番号順、通し番号順で並べ替えます。
8. 見積書を発行します。

以上は、あらかじめ入力されている見積書のデータを置き換える仕組みで考えました。新規にデータを入力する場合においても、まったく同じ処理を使えます。新規案件の場合、「テーブル《tbl見積》の中から入れ替えたい案件番号の

データを省く」ときに、その案件番号はテーブル《tbl見積》に存在していません。ですので、案件が削除されない一覧表の下に「《見積書》シートのテーブル《tbl見積書》のデータを加える」ことになるので、新規案件のデータが追加される動作になるのです。

　ではデータが入力されている見積書のデータを置き換える場合と新規にデータを入力する場合の両方の処理の仕方を踏まえて、流れをもう一度整理しましょう。

1. シート《見積》のセル《I2》に「FILTER関数」でテーブル《tbl見積》の《A列》の「通し番号」から《E列》の「個数」のデータの内、案件番号がシート《tbl見積書》のセル《I2》の値と一致しないものを抜き出します。

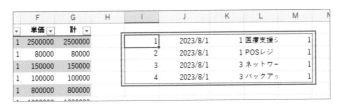

2. 現在テーブル《tbl見積》に登録されているのは案件番号「2」しかないので、現時点ではここで1件も抽出されません。もし、ここで抽出されたものがない場合は以降の工程は必要がないので、手順8まで飛ばす分岐を行います。

3. 「FILTER関数」で求めた範囲をコピーし、そのまま上書きする形で「見積」のセル《I2》に値で貼り付けます。同じ場所に貼り付けるのは、パソコンに負荷がかかるので作業するセルの場所を多くとりたくないからです。そのために毎回計算式は入力しますが、余計に大きな範囲を使うよりはメリットがあります。このテクニックも自動化ではよく使います。

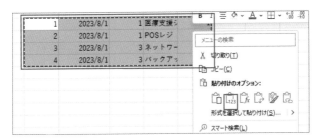

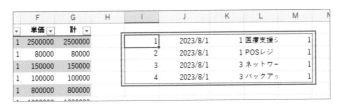

4. テーブル《tbl見積》の内容を全部削除します。

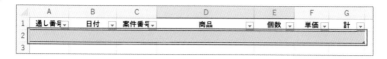

5. シート《見積》のセル《I2》から始まる一覧表範囲をテーブル《tbl見積》に値で貼り付けて追加します。

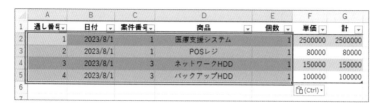

6. テーブル《tbl見積》にテーブル《tbl見積書》の内容を値で貼り付けて追加します。

7. テーブル《tbl見積》を「案件番号」の昇順で並べ替え、同じ案件番号なら「通し番号」の昇順で並べ替える並べ替えを実行します。

	A	B	C	D	E	F	G
1	通し番号	日付	案件番号	商品	個数	単価	計
2	1	2023/8/1	1	医療支援システム	1	2500000	2500000
3	2	2023/8/1	1	POSレジ	1	80000	80000
4	1	2023/8/15	2	医療支援システム	1	2500000	2500000
5	2	2023/8/15	2	POSレジ	1	80000	80000
6	3	2023/8/15	2	ネットワークHDD	1	150000	150000
7	4	2023/8/15	2	バックアップHDD	1	100000	100000
8	5	2023/8/15	2	サーバー	1	800000	800000
9	6	2023/8/15	2	高性能サーバー	1	1000000	1000000
10	7	2023/8/15	2	技術料A	20	5000	100000
11	8	2023/8/15	2	技術料B	30	7500	225000
12	9	2023/8/15	2	技術料C	20	10000	200000
13	10	2023/8/15	2	マウス	3	5000	15000
14	3	2023/8/1	3	ネットワークHDD	1	150000	150000
15	4	2023/8/1	3	バックアップHDD	1	100000	100000
16							

8. この前で抽出件数0の場合の分岐が終わります。シート《見積》のセル《I2》からの連続範囲をクリアします。

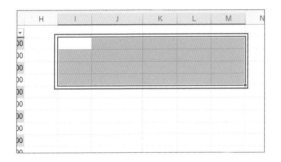

9. 見積書を印刷します。

最後にメイン画面に戻ります。この流れをVBAにすると次のとおりです。これを「Sub 請求書印刷」からはじまるVBAの下に入力します。

```
Sub 見積データ更新()
    With Sheets("見積一覧")
    .Select
    .Range("I2").Formula2 = "=FILTER(tbl見積[[通し番号
]:[個数]],tbl見積[案件番号]<>見積書!I2,0)"
        If .Range("I2").Value <> 0 Then
        .Range("I2#").Copy
        .Range("I2").PasteSpecial xlPasteValues
        .Range("A2").ListObject.DataBodyRange.Delete
        .Range("I2").CurrentRegion.Copy
        .Range("A2").PasteSpecial xlPasteValues
        Range("tbl見積書[[通し番号]:[個数]]").Copy
        .Range("A2").End(4).Offset(1).PasteSpecial
xlPasteValues
        .Range("A2").ListObject.Range.Sort _
            key1:=Range("C2"), order1:=xlAscending, _
            key2:=Range("A2"), order2:=xlAscending, _
            Header:=xlYes
        End If
    .Range("I2").CurrentRegion.ClearContents
    End With
    Call PDF作成("見積書")
    Sheets("メイン画面").Select
    Sheets("メイン画面").Range("A4").Select
End Sub
```

```
(General)                                    ∨   見積データ更新                    ∨
    Call データ更新("請求書")
    Call PDF作成("請求書")
    Call 処理登録("請求")
    Sheets("メイン画面").Select
    Sheets("メイン画面").Range("A4").Select
End Sub

Sub 見積データ更新()
    With Sheets("見積一覧")
        .Select
        .Range("I2").Formula2 = "=FILTER(tbl見積[[通し番号]:[個数]],tbl見積[案件番号]<
        If .Range("I2").Value <> 0 Then
            .Range("I2#").Copy
            .Range("I2").PasteSpecial xlPasteValues
            .Range("A2").ListObject.DataBodyRange.Delete
            .Range("I2").CurrentRegion.Copy
            .Range("A2").PasteSpecial xlPasteValues
            Range("tbl見積[[通し番号]:[個数]]").Copy
            .Range("A2").End(4).Offset(1).PasteSpecial xlPasteValues
            .Range("A2").ListObject.Range.Sort _
                key1:=Range("C2"), order1:=xlAscending, _
                key2:=Range("A2"), order2:=xlAscending, _
                Header:=xlYes
        End If
        .Range("I2").CurrentRegion.ClearContents
    End With
    Call PDF作成("見積書")|
    Sheets("メイン画面").Select
    Sheets("メイン画面").Range("A4").Select
```

このVBAは《見積一覧》シートでしか使わないので、見やすくなるよう「With」
で《見積一覧》シートを指定しています。

セル《I2》に、「=FILTER(tbl見積[[通し番号]:[個数]],tbl見積[案件番号]<>
見積書!I2,0)」という「FILTER関数」を使った計算式を作成します。その結果、
見つからない場合は0になります。ここからが分岐の開始です。条件による処
理の分岐は「If」で実行します。「FILTER関数」で抽出した結果が1件以上あった
ときに次の行以降を動かします。

「.Range("A2").ListObject.Range.Sort」から「Header:=xlYes」までは本
来1行ですが、行を分割し見やすくしています。ここではセル《A2》のテーブル
《tbl見積》を並べ替えています。第一優先はC列の「案件番号」で「昇順」、「案件
番号」が同じならA列の「昇順」で並べ替えています。「key1:=Range("C2")」で
はセル《C2》を選択していますが、これは何行目で指定してもよく、列番号だ
けが重要です。ここまでが「FILTER関数」の結果で1件以上抽出された場合の
分岐です。

「Range("I2").CurrentRegion」の「CurrentRegion」は連続範囲を表します。
ここではセル《I2》から始まる連続したセル範囲をクリアします。「If」の分岐の
中ではなく外に入れているのは、「FILTER関数」で抽出したものがあってもな
くても、《I2》の計算結果は不要になるからです。

VBAを作成できたら、【マクロの登録】で「見積登録」のボタンに「見積データ

更新」を登録します。

▼ 動作確認

案件番号「1」で商品を三つ、テーブル《tbl見積》に登録します。シート《メイン画面》の案件番号を「1」にします。

《見積書》シートを表示し、《D10からD19》までのセル範囲を選択して右クリックし、【削除】の中の【テーブルの行】をクリックします。

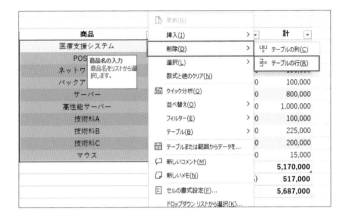

テーブルのデータが0件になります。

8										
9	通し番号	日付	案件番号	商品		個数		単価	計	
10										
11								小計		0
12								消費税額(10%)		0
13								合計		0
14										

《D10からD12》までのセル範囲選択し、セル《D10》を右クリックし、【挿入】
の中の【テーブルの行(上)】をクリックします。

行が挿入されます。少し多めに入る場合もあります。

9	通し番号	日付	案件番号	商品		個数		単価	計	
10	1	8月15日	1					#N/A	#N/A	
11	2	8月15日	1					#N/A	#N/A	
12	3	8月15日	1	商品名の入力 商品名をリストから選択します。				#N/A	#N/A	
13	4	8月15日	1					#N/A	#N/A	
14										
15								小計	#N/A	
16								消費税額(10%)	#N/A	
17								合計	#N/A	
18										

必要なのは3行だけでその他は余計な行なので、多い行を選択して右ク
リックし、【削除】の中で【テーブルの行】をクリックします。

「商品販売システム」に「1」、「技術料A」に「20」、「技術料C」に「30」を登録
します。合計が「2,420,000」になるはずです。

商品	個数	単価	計
自動販売システム	1	1,800,000	1,800,000
技術料A	20	5,000	100,000
技術料C	30	10,000	300,000
	小計		2,200,000
	消費税額(10%)		220,000
	合計		2,420,000

では、「見積登録」のボタンをクリックして、「見積データ更新」を実行して
みましょう。

《メイン画面》シート一覧の案件番号「1」に「金額」と「見積日」が入ることを
確認します（金額は税抜きで集計されるので「2,200,000」の表示になりま
す）。

《見積一覧》シートのテーブル《tbl見積》で、「商品販売システム」に「1」、「技術料A」に「20」、「技術料C」に「30」が追加されていることを確認します。

案件番号「1」の見積書が完成していることを確認します。

今度はデータ更新時の動作を確認します。《メイン画面》シートのセル《H1》の値を2にします。

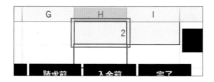

再度、VBE上の「Sub 見積書更新」をクリックし、【Sub/ユーザーフォームの実行】ボタンをクリックします。

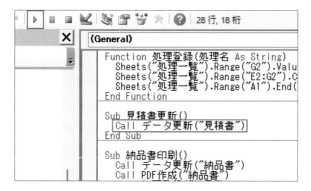

シート《見積書》のテーブル《tbl見積書》のデータが案件番号「2」のデータとして登録されている10件のデータになります。

《D10からD14》のセル範囲を右クリックして、【削除】の中の【テーブルの行】をクリックします。

残り5行になるので、「技術料A」を「15」、「技術料B」を「20」、「技術料C」を「10」、「マウス」を「5」に変更します。

「見積登録」のボタンをクリックして、「見積データ更新」を実行します。

《メイン画面》シート一覧の案件番号「2」の見積日に「8月15日」が入ることを確認します。金額が「1,350,000」の表示になることを確認します。

見積前	注文前	納品前	請求前	入金前
開始日	金額	見積日	注文日	納品日	請
7月15日	2,200,000	8月15日	8月3日	8月1日	
7月22日	**1,350,000**	**8月15日**	**8月2日**	**8月15日**	
7月23日				7月15日	
7月30日				7月23日	

見積一覧シートの案件番号「2」の件数が5件になり、「技術料A」が「15」、「技術料B」が「20」、「技術料C」が「10」、「マウス」が「5」になっていることを確認します

	A	B	C	D	E	F	G
1	通し番号	日付	案件番号	商品	個数	単価	計
2	1	2023/8/15	1	自動販売システム	1	1800000	1800000
3	2	2023/8/15	1	技術料A	20	5000	100000
4	3	2023/8/15	1	技術料C	30	10000	300000
5	1	2023/8/15	2	高性能サーバー	1	1000000	1000000
6	2	2023/8/15	2	技術料A	15	5000	75000
7	3	2023/8/15	2	技術料B	20	7500	150000
8	4	2023/8/15	2	技術料C	10	10000	100000
9	5	2023/8/15	2	マウス	5	5000	25000
10							

案件番号「2」の見積書が完成していることを確認します。

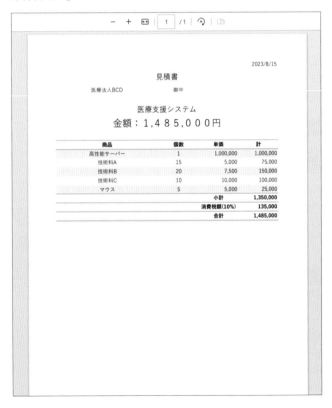

8.5 指定月の請求書を一度に作成する

サンプル　before8-5.xlsm

┤ 操作 ├

[
指定した月の請求書を複数作成する VBA を用意します。繰り返し
の動作を実現するために For 文と呼ばれる文法を利用します。
]

　《月次請求》シートを使って、指定した「年月」の請求書を一度に出力する仕組みを自動化します。ここでは同じ処理を繰り返す VBA の処理を行い、次々と複数の請求書を作成します。

　現在、月次請求シートには 2023 年 7 月に納品した、「3」と「4」の 2 案件が「FILTER 関数」によってリストされています。実は、この「FILTER 関数」で求めた範囲ですが、一つ案件が処理されると、その案件のデータはこの「FILTER 関数」の結果には出てこなくなります。始めはセル《B9》には案件番号「3」が入っていますが、案件番号「3」が請求処理されるとセル《B9》には次の案件番号「4」が入ります。つまり、常にセル《B9》には次に処理される案件番号が表示されています。1 件もなくなったときは「なし」と表示されます。

　繰り返しの回数は、はじめはセル《E8》に「2」が入っています。この繰り返し回数の数字も請求処理されると一つずつ減っていきますので、正しい繰り返し回数を表示しているのははじめだけです。減っていく前の初めの段階でセル《E2》の値を変数にセットし、その変数を VBA に渡して繰り返しの回数を決めます。この回数は案件がなければ「0」になり、1 回も実行しないということになります。

　もし、処理するのが 1 件だけなら、セル《B9》の次に処理する案件番号を《メイン画面》シートのセル《H1》の「案件番号」に入れて、「Sub 請求書印刷」を実行するだけで請求書が印刷され、その案件の請求日も記録されます。それだけなら、VBA の内容は次のようになります。

第**8**章

VBAを操作する

8.5　指定月の請求書を一度に作成する　│　**291**

```
    Sheets("月次請求").Range("E10").Copy
    Sheets("メイン画面").Range("H1").PasteSpecial
xlPasteValues
    Call 請求書印刷
```

　これを繰り返しのループの中に入れればいいのです。繰り返しはFor文というものを使います。その前に繰り返し回数をセル《E8》から取得し繰り返し回数の値として、普通の整数を表す「Integer型」の変数「全回数」に格納します。

　また、Forを使った繰り返しの場合、必ず現在の回数を表す変数の宣言が必要です。現在の回数は変数「回数」として管理します。

　今回のような繰り返しの操作は時間がかかることもあります。終了時に処理が終わった旨のメッセージがあるといいでしょう。

　これらをまとめると、VBAは次のとおりです。「Sub 見積データ更新」のVBAの下に入力します。

```
Sub 月次請求書()
  Dim 全回数 As Integer
  Dim 回数 As Integer
  全回数 = Sheets("月次請求").Range("E8").Value
  For 回数 = 1 To 全回数
    Sheets("月次請求").Range("B9").Copy
    Sheets("メイン画面").Range("H1").PasteSpecial
xlPasteValues
    Call 請求書印刷
  Next
  Sheets("メイン画面").Select
  Sheets("メイン画面").Range("A4").Select
  MsgBox "月次請求処理完了"
End Sub
```

```
        key2:=Range("A2"), order2:=xlAscending, _
            Header:=xlYes
        End If
        .Range("I2").CurrentRegion.ClearContents
    End With
    Sheets("メイン画面").Select
    Sheets("メイン画面").Range("A4").Select
End Sub

Sub 月次請求書()
    Dim 全回数 As Integer
    Dim 回数 As Integer
    全回数 = Sheets("月次請求").Range("E8").Value
    For 回数 = 1 To 全回数
        Sheets("月次請求").Range("B9").Copy
        Sheets("メイン画面").Range("H1").PasteSpecial xlPasteValues
        Call 請求書印刷
    Next
    Sheets("メイン画面").Select
    Sheets("メイン画面").Range("A4").Select
    MsgBox "月次請求処理完了"
End Sub
```

　「For 回数 = 1 To 全回数」で繰り返しを開始します。1回目から変数「全回数」までの回数を繰り返し、繰り返しの回数は「回数」で管理します。

　その後、《月次請求》シートのセル《B9》をコピーし（これは「案件番号」です）、《メイン画面》シートのセル《H1》に貼り付けます。そして「請求書印刷」を実行します。ここまでが繰り返しです。

　最後に「MsgBox "月次請求処理完了"」で「月次請求処理完了」というメッセージを表示します。

　VBAを入力したら、「月次請求開始」ボタンに「月次請求書」をマクロの登録で登録します。

▼ 動作確認

「月次請求開始」ボタンをクリックします。

	A	B	C	D	E
1					
2		2023	年	月次請求開始	
3		7	月		
4					
5		処理期間			
6		7月1日	～	7月31日	

「終了」のメッセージが表示されていることを確認します。

《メイン画面》シートで、案件番号「3」と「4」の「請求日」が「8月15日」と記録されていることを確認します。確認したら【OK】ボタンをクリックします。

《処理一覧》シートの《12行目》と《13行目》に案件番号「3」と「4」の請求の処理が記録されていることを確認します。

「EF株式会社」向けの請求書と「辰寅工務店」向けの2枚の請求書ができ上がることを確認します。請求内容にデータはないので「#CALCエラー」になりますがそのままで大丈夫です。

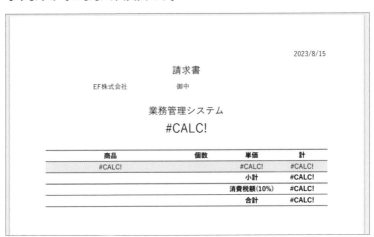

PDFファイルを確認したら閉じておきましょう。

8.6 状況に合わせて表示するデータをフィルターする

サンプル　before8-6.xlsm

┤ 操 作 ├

[
**状況に応じて表示される案件を変えられるようにします。ここでは
図形の名前を利用した仕組みを用意します。**
]

《メイン画面》シートのK列の状況に応じて、見積前の案件のみを表示したり、完了したものだけを表示したりできれば便利です。図形をクリックすることでそれらをできるようにします。

《メイン画面》シートのセル《I1》に「入金前」と入力すると、セル《A5》の「FILTER関数」によって、表示が「入金前」の案件だけになります。

今回は、それぞれのボタンに対する文字列をセル《I1》に入力するVBAです。本来であれば、このVBAをボタンの分だけ別々に作成しますが、それではちょっと効率が悪いような気もします。ここは少し特殊な方法になりますが、作成の効率化をしていきましょう。

まず、一つ一つの図形には「名前」を設定します。《メイン画面》シートを表示したまま、【ホーム】タブを選択して❶、【検索と選択】をクリックし❷、【オブジェクトの選択と表示】をクリックします❸。

そうすると、Excelの画面右に【選択】作業ウィンドウが表示されます。ここにはそのシートの図形の一覧が表示されており、それぞれの「図形の名前」が設定してあります。《メイン画面》シートの図形は、それぞれ入力されている文字が名前になっています。この図形の名前は、表示されている図形の名前をダブルクリックすると変更できます。

「図形の名前」は「Application.Caller」で読み込めます。「Application.Caller」で読み込んだ図形の名前をセル《I1》に書き込めばよいのです。

ただし、「リセット」の図形に関しては、「リセット」の文字を書き込むのではなく、「空白」となるようにしなければなりません。そこで、「リセットなら空白を設定、そうではなければ図形の名前を設定」という「If」と「Else」の組み合わせを使って分岐させます。次のVBAを「Sub 月次請求書」のVBAの下に入力

します。入力したら、「見積前」「注文前」「納品前」「請求前」「入金前」「完了」「リセット」それぞれの図形で「Sub メイン画面フィルター」をマクロの登録をしましょう。

```
Sub メイン画面フィルター()
  'メイン画面のマクロの登録の中から呼び出す
  If Application.Caller = "リセット" Then
    Sheets("メイン画面").Range("I1").Value = ""
  Else
    Sheets("メイン画面").Range("I1").Value =
Application.Caller
  End If
End Sub
```

```
Sub 月次請求書()
  Dim 全回数 As Integer
  Dim 回数 As Integer
  全回数 = Sheets("月次請求").Range("E8").Value
  For 回数 = 1 To 全回数
    Sheets("月次請求").Range("B9").Copy
    Sheets("メイン画面").Range("H1").PasteSpecial xlPasteValues
    Call 請求書印刷
  Next
  Sheets("メイン画面").Select
  Sheets("メイン画面").Range("A4").Select
  MsgBox "月次請求処理完了"
End Sub

Sub メイン画面フィルター()
  'メイン画面のマクロの登録の中から呼び出す
  If Application.Caller = "リセット" Then
    Sheets("メイン画面").Range("I1").Value = ""
  Else
    Sheets("メイン画面").Range("I1").Value = Application.Caller
  End If
End Sub
```

最後に「《メイン画面》の図形から呼び出す」というコメントを入れておきます。実際の動作には関係ありませんが、後から見直したときに「メイン画面フィルター」のVBAがどこからも使われていないと思われないようにです。

「見積前」「注文前」「納品前」「請求前」「入金前」「完了」の図形をクリックし
たときにそれぞれの文字がセル《I2》に入ることを確認します。また、「リ
セット」のボタンをクリックしたときに、セル《I2》が空白になることを確
認します。

8.7 メイン画面をクリックして 各処理のVBAを動かす

サンプル　before8-7.xlsm

操作

《メイン画面》シートから行う操作を効率的に処理します。長めの
VBAを書きますが、いくつかに分解しながら順をおって理解しま
しょう。

操作は、《メイン画面》シートからスタートします。「登録されている案件の
見積を作成・変更する」「注文を請けた処理をする」「納品して納品書を作成す
る」「請求書を発行して請求処理をする」「入金があったことを確認する」などを
どうやったら効率よく始められるでしょうか。

それぞれの案件の「日付の表示欄」をクリックしたときに、それぞれの案件で
処理が動けばいいのではないかと考えます。そこで、それぞれのセルをクリッ
クしたときのVBAを作ります。

VBEの「プロジェクトエクスプローラー」には、「標準モジュール」のほかに
それぞれの「シート」が表示されています。これはそれぞれの「シート」にも
VBAを入力することができるということです。

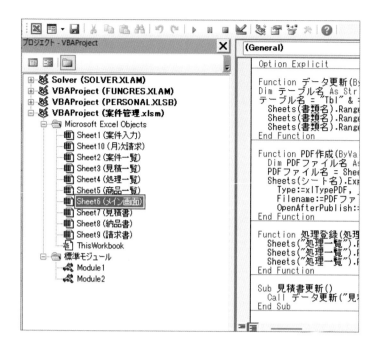

「シート」に入力したマクロは、「シートが表示されたら」動き始めたり、「シート内のセルが書き換わったら」動き始めたり、「動き」があったときに動き出すよう設定できます。この「動き」のことを**イベント**と呼びます。

イベントの中に、「選択したセルが変わったら」というものがあります。これは実質的に「セルをクリックしたら」というイベントです。これを使って、案件ごとの処理を開始する仕組みを作っていきます。

では、まず「プロジェクトエクスプローラー」の「Sheet5（メイン画面）」をダブルクリックします❶。

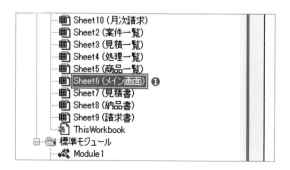

すると、まっさらな画面が表示されます。ここにVBAを作成していきます。

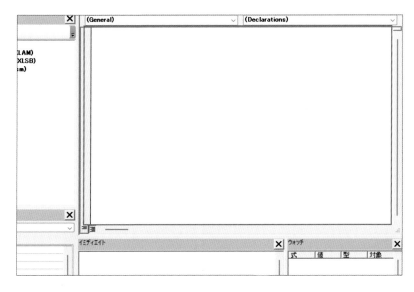

「(General)」と書いてある箇所の下向き三角をクリックして、「Worksheet」をクリックします❶。そうすると、「Private Sub Worksheet_Selection Change(ByVal Target As Range)」が表示されます❷。これは「Worksheet_SelectionChange」つまり「シートの選択しているところが変わったら」という意味のイベントです。ここに今から動作を入力していきます。

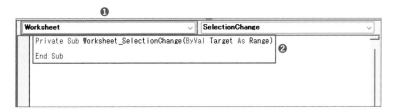

POINT

「Private Sub Worksheet_SelectionChange(ByVal Target As Range)」の「Target」は移動後のセルを表します。つまりクリックしたセルです。「Target.Value」はクリックしたセルの値、「Target.Row」はクリックしたセルの行番号になります。

動きを入力する前に、「(ByVal Target As Range)」と「End Sub」の間に10行くらいEnterで空白行を作成し❶、入力しやすくしておきましょう。

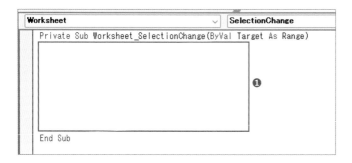

　まず、「《メイン画面》シートの4行目まではクリックしても動作させない」ことを入力します。4行目までには「案件番号」や「表示する状態」が入力されています。ここは動作しないようにします。「もしもセルの行番号が4以内ならば動作をやめる」というVBAは次のとおりです。

```
If Target.Row <= 4 Then Exit Sub
```

　「Target.Row」はクリックしたセルの行番号、「Exit Sub」はこのSubをやめるということなので、「動作をやめる」ということになります。このように「If文」は1行で書くこともでき、この場合は「End If」は不要です。
　もう一つ、すぐに動作をやめさせなければならないものがあります。下の方の「空白行」をクリックしてA列が空白で案件番号がない場合です。これは、次のようなVBAになります。

```
If Cells(Target.Row, "A").Value = "" Then Exit Sub
```

　「Cells」は「Range」と同じくセルを指定する命令です。「Range」はセルの参照を指定しますが、「Cells」は行と列で指定するので今回は「Cells」の方が向いているのです。
　次は、クリックした行の案件番号をセル《H1》の案件番号に反映するようにします。そうすれば処理する「案件番号」をいちいち手入力しなくて済むのです。

```
Range("H1").Value = Cells(Target.Row, "A").Value
```

　セル《H1》の値はクリックしたセルの高さ（＝A列の値）にするという意味です。この動きを初めに入れておかないと、この後の処理で違う「案件番号」で処理してしまうかもしれません。少なくとも処理を動かす前に入れます。
　次は、それぞれの処理を動かすことを考えていきます。
　まず、「入金」から作成しましょう。クリックしたセルの4行目が「入金」だったら、「Function 処理」で入金を登録します。

```
If Cells(4, Target.Column) = "入金日" Then
  Call 処理登録("入金")
End If
```

　これだけで登録はできるのですが、「入金」登録はクリックした途端に何の書類も作らずに登録されてしまい、誤操作のもとになります。そこで、登録前に「はい」と「いいえ」の選択肢を表示し、「はい」をクリックしたら処理されるようにします。

```
If Cells(4, Target.Column) = "入金日" Then
  If MsgBox("入金処理しますか？", vbYesNo) = vbYes Then
    Call 処理登録("入金")
  End If
End If
```

　「MsgBox」はメッセージボックスです。「vbYesNo」は「"はい"か"いいえ"」、「vbYes」は「はい」を意味します。
　「入金」処理と同様に「注文」処理もクリックしたらすぐに登録されてしまうので、同じように「注文」処理も作成します。

```
If Cells(4, Target.Column) = "注文日" Then
  If MsgBox("注文処理しますか？", vbYesNo) = vbYes Then
    Call 処理登録("注文")
  End If
End If
```

この二つを、「Sub Worksheet_SelectionChange」の中に入力します。「Sub Worksheet_SelectionChange」は一つのシートに一つしか用意できないので、動きごとに作成することができません。すべて一つの「Sub Worksheet_SelectionChange」に入力し、「If」でどこをクリックしたか判定して、一つ一つに対して動きを設定していく必要があります。

次は納品日と請求日の処理です。それぞれPDFを作成させるのですが、動作させるVBAは用意してあるので、それぞれを呼び出すだけです。

```
If Cells(4, Target.Column) = "納品日" Then
  If MsgBox("納品処理しますか？", vbYesNo) = vbYes Then
    Call 納品書印刷
  End If
End If

If Cells(4, Target.Column) = "請求日" Then
  If MsgBox("請求処理しますか？", vbYesNo) = vbYes Then
    Call 請求書印刷
  End If
End If
```

最後に「見積日」です。「見積日」に関しては、「見積書」の入力を始める形になり「Sub 見積書更新」で見積書を作成し始めますが、「Sub 見積書更新」を実行しても見積書シートを表示せず《メイン画面》シートのままなので、《見積書》シートへ移動するようにします。《見積書》シートに入力するときに最初にカーソルがあるべきなのは商品の1行目なので、そのセル《D10》を選択するようにします。

また、誤って見積日をクリックしても、すぐに《見積書》シートの「一覧へ」で《メイン画面》シートに戻ればデータの更新はどこにもされないので、「見積書を作成しますか」のメッセージは不要です。

```
If Cells(4, Target.Column) = "見積日" Then
  Call 見積書更新
  Sheets("見積書").Select
  Sheets("見積書").Range("D10").Select
End If
```

では今までの、「入金日」「注文日」「納品日」「請求日」「見積日」それぞれのVBAを入力していきましょう。

```
If Target.Row <= 4 Then Exit Sub
If Cells(Target.Row, "A").Value = "" Then Exit Sub

Range("H1").Value = Cells(Target.Row, "A").Value

If Cells(4, Target.Column) = "入金日" Then
  If MsgBox("入金処理しますか？", vbYesNo) = vbYes Then
    Call 処理登録("入金")
  End If
End If

If Cells(4, Target.Column) = "注文日" Then
  If MsgBox("注文処理しますか？", vbYesNo) = vbYes Then
    Call 処理登録("注文")
  End If
End If

If Cells(4, Target.Column) = "納品日" Then
  If MsgBox("納品処理しますか？", vbYesNo) = vbYes Then
    Call 納品書印刷
```

```
    End If
  End If

  If Cells(4, Target.Column) = "請求日" Then
    If MsgBox("請求処理しますか？", vbYesNo) = vbYes Then
      Call 請求書印刷
    End If
  End If

  If Cells(4, Target.Column) = "見積日" Then
    Call 見積書更新
    Sheets("見積書").Select
    Sheets("見積書").Range("D10").Select
  End If
```

```
Worksheet                    ∨   SelectionChange

  Private Sub Worksheet_SelectionChange(ByVal Target As Range)

    If Target.Row <= 4 Then Exit Sub
    If Cells(Target.Row, "A").Value = "" Then Exit Sub

    Range("H1").Value = Cells(Target.Row, "A").Value

    If Cells(4, Target.Column) = "入金日" Then
      If MsgBox("入金処理しますか？", vbYesNo) = vbYes Then
        Call 処理登録("入金")
      End If
    End If

    If Cells(4, Target.Column) = "注文日" Then
      If MsgBox("注文処理しますか？", vbYesNo) = vbYes Then
        Call 処理登録("注文")
      End If
    End If

    If Cells(4, Target.Column) = "納品日" Then
      If MsgBox("納品処理しますか？", vbYesNo) = vbYes Then
        Call 納品書印刷
      End If
    End If

    If Cells(4, Target.Column) = "請求日" Then
      If MsgBox("請求処理しますか？", vbYesNo) = vbYes Then
        Call 請求書印刷
      End If
    End If

    If Cells(4, Target.Column) = "見積日" Then
      Call 見積書更新
      Sheets("見積書").Select
      Sheets("見積書").Range("D10").Select
    End If

  End Sub
```

案件番号「1」の「見積日」のセル《F5》をクリックします。

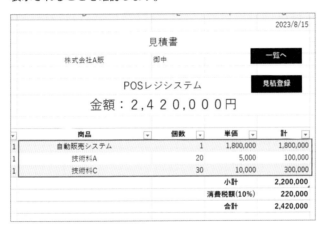

案件番号「1」の「株式会社A販」の「見積書」が表示され、「商品数」が3件で表示されることを確認します。

確認したら「一覧へ」で《メイン画面》シートに戻ります。案件番号「5」の「見積日」のセル《F9》をクリックします。

案件番号「5」の「JKL電子産業」の「見積書」が表示されることを確認します。

確認したら「一覧へ」のボタンで《メイン画面》シートに戻ります。案件番号「5」の「注文日」のセル《G9》をクリックします。

「注文処理しますか？」のメッセージが出るので「はい」をクリックします。

案件番号「5」の「注文日」に「8月15日」が入ることを確認します。

案件番号「5」の「納品日」のセル《H9》をクリックします。

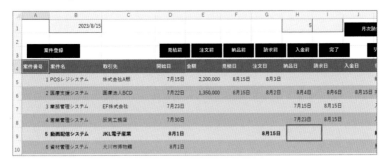

「納品処理しますか？」のメッセージが出るので「はい」をクリックします。

案件番号「5」の「納品日」に「8月15日」が入ることを確認します。

納品書のPDFファイルが作成されることを確認します。商品のデータは
登録されていないのでエラーが表示されていますが、それで大丈夫です。

案件番号「5」の「請求日」のセル《I9》をクリックします。

「請求処理しますか？」のメッセージが出るので「はい」をクリックします。

案件番号「5」の「請求日」に「8月15日」が入ることを確認します。

案件番号	案件名	取引先	開始日	金額	見積日	注文日	納品日	請求日	入金日	状
1 POSレジシステム	株式会社A版		7月15日	2,200,000	8月15日	8月3日				納
2 医療支援システム	医療法人BCD		7月22日	1,350,000	8月15日	8月2日	8月4日	8月6日	8月15日	完
3 業務管理システム	EF株式会社		7月23日				7月15日	8月15日		入
4 営業管理システム	辰実工務店		7月30日				7月23日	8月15日		入
5 動画配信システム	JKL電子産業		8月1日			8月15日	8月15日	8月15日		入
6 資材管理システム	大川市博物館		8月1日							見

請求書のPDFファイルが作成されることを確認します。商品のデータは登録されていないのでエラーが表示されていますが、それで大丈夫です。

案件番号「5」の「入金日」のセル《J9》をクリックします。

「入金処理しますか」のメッセージが出るので「はい」をクリックします。

案件番号「5」の入金日に「8月15日」が入ることを確認します。

第 **9** 章

より便利に仕上げる

9.1 常に項目名を表示する

サンプル before9-1.xlsm

──── 操 作 ────

> 操作画面では、行数が増えても項目名が常に表示されていることが求められます。「ウィンドウ枠の固定」機能で常に表示しておきたい行を設定します。

　ここまでで自動化の仕組みはでき上がりました。ここからは最後の仕上げをしていきましょう。より自動化された仕組みに見えるようにしたり、計算式の箇所に誤入力して計算式を消さないようにしたり、あと一歩便利にします。

　これから登録されている案件が増えてきて10件を超え始めると、メイン画面シートの縦方向のスクロールが必要になります。そうすると、項目名が見えなくなったり、表示切り替えのボタンが見えなくなったり、とても不便です。

　そのため、4行目までは常に表示しておきます。そのために「ウィンドウ枠の固定」という機能を使います。

　5行目の行見出しをクリックし❶、5行目を選択します。

【表示】タブを選択して❶、【ウィンドウ枠の固定】をクリックし❷、【ウィンドウ枠の固定】をクリックします❸。

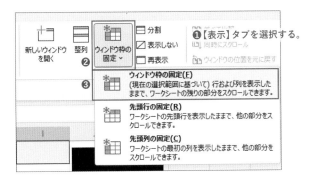

▼動作確認

下にスクロールして、1行目から4行目までは常に表示されていることを確認します。
確認したら、セル《A5》の案件番号「1」が表示されるように一番上までスクロールしてください。

9.2 表示する必要のないセルを非表示にする

サンプル　before9-2.xlsm

┤ 操 作 ├

> 利用者の利便性を考えてシートの一部を非表示にします。非表示にする箇所によって設定方法が異なるので、それぞれ覚えましょう。

　このシステムを使う人の立場に立ってみると、値が入力されているが見えなくていいセルが何か所かあります。余計な情報があると混乱のもとになるので、見えなくていいセルは非表示にした方がよいです。

　例えば、《案件入力》シートの《B7からE8》のセル範囲です。

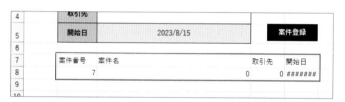

　これは値として入っていなければなりませんが、見えなくてよいものです。こういったものを見えなくするには文字の色を白にするのが簡単ですが、もっとスマートな方法もあります。《案件入力》シートの《B7からE8》のセル範囲を範囲選択した状態で、[Ctrl]キーを押したまま[1]のキーを押して【セルの書式設定】ダイアログボックスを表示します。

　【表示形式】タブを選択して❶、【ユーザー定義】をクリックし❷、【種類のボックス】に「;;;」と入力して❸、【OK】ボタンを押します❹。これで値を非表示にできます。

次に《メイン画面》シートのセル《H1》と《I1》の色と罫線をクリアします。このような書式のクリアは【ホーム】タブを選択して❶、【クリア】をクリックして❷、【書式のクリア】を選択して行います❸。

❶【ホーム】タブを選択する。

さらに「セルの非表示」の設定もします。《見積書》シートは、《A列からC列》、《H列からM列》までが見えなくていい情報です。ここは列を折りたたんで非表示にする「列の非表示」の設定を行います。

　《A列からC列》までを選択し❶、【列見出し】を右クリックし❷、【非表示】をクリックします❸。

　《A列からC列》までが折りたたまれ見えなくなります。これは列がなくなったのではなく、列幅が0になったと考えるとよいでしょう。

同様にして《H列からM列》も非表示にします。

「セルの枠線」と「列見出し」と「行見出し」も非表示にします。【表示】タブを選択して❶、【目盛線】と【見出し】のチェックを外すことで❷、シートの枠線と行と列の見出しを非表示にできます。

❶【表示】タブを選択する。

POINT

目盛線と見出しはシートの設定ですが、「数式バー」はExcel全体の設定です。本当は「数式バー」も消したいのですが、他のブックを開いたときも表示されなくなるので、「数式バー」の非表示はしません。

すべての設定が反映されると以下のようになります。《メイン画面》《案件入力》《月次請求》のそれぞれのシートについても目盛線と見出しは非表示にしましょう。

今日の日付を設定する

サンプル　before9-3.xlsm

─┤ 操 作 ├─

仮の日付を入力していましたが、自動で今日の日付が表示されるようにします。日付の表示にはTODAY関数を利用します。

シート《メイン画面》のセル《B1》には日付が入力してあります。登録した日の日付は、すべてここの日付を参照しています。ここまでで動作確認まで終わったので、ここの値を今日の日付が入る「TODAY関数」に置き換えます。今回はセル《B1》を起点に各シートの当日の日付を設定していたので、このセルの値を変更すれば仕組み全体に対しても日付の変更が完了します。

では、「TODAY関数」を入力します。シート《メイン画面》のセル《B1》に「=TODAY()」と入力します❶。

本日の日付が表示されます。

9.4 不必要な入力を させないようにする

└─┤ サンプル　before9-4.xlsm

─┤ 操 作 ├─

> **不必要な入力がされないように設定します。入力をさせない設定は、**
> **セルのロックを外す→シートを保護するの2段階にわけて行います。**

　不必要な入力ができるようになっていると、誤って計算式が消えてしまった
り変更されたりします。人間が操作するシートでは必要な箇所だけ入力できる
ようにするとよいでしょう。これをセルの保護と呼びます。

　人間が実際に手入力などの操作を行うシートは《メイン画面》、《案件登録》、
《月次請求》、《見積書》のみです。残念ながら、**テーブルのあるシートに保護を**
かけるとデータが追加・削除ができなくなるので、《見積書》シートに保護はか
けられません。それ以外のシートに保護を設定します。

　セルの保護をする場合、人間の操作以外にもマクロやVBAでの**自動的な動**
作で書き込むセルまで保護しないことに気をつけます。シート《メイン画面》で
は人間が入力するところはありません。しかし、VBAによってセル《H1》に「案
件番号」が、《I1》に「表示する条件」が入力されますので、この二つのセルのみ
入力可能とします

　シート《案件入力》では、セル《C3》の「案件名」、《C4》の「取引先」が手入力欄
ですので、入力可能とします。

案件番号	7
案件名	
取引先	
開始日	2023/5/24

一覧へ

案件登録

シート《月次請求》では、セル《B2》の「年」、セル《B3》の「月」を手入力で指定しますので、この二つのセルのみ入力可能とします。

2023	年
7	月

月次請求開始

処理期間
7月1日　　　～　　　7月31日

　入力の保護の仕組みは、2段階の作業からなります。

　実はExcelのセルは**あらかじめロックがかかり、入力ができない**状態です。しかし入力ができるのは、まだそのシートに保護がかけられていないからです。保護をかけたとたんにロックしているセルは全部入力ができなくなります。保護をかける前にロックを外せば、そのセルには入力ができます。つまりExcelに入力できないようにする仕組みは、「①セルのロックを外す」「②シートを保護する」という二つの手順を行います。ロックの設定は「セルの書式設定」から、シートの保護は【校閲タブ】の【シートの保護】から行います。

　まずシート《メイン画面》の入力が必要なセルのロックの解除をしましょう。行と列の見出しがなくわかりにくいので、【名前ボックス】に「H1」と入力して❶、Enter キーを押して❷、セル《H1》に【ジャンプ】しましょう。

セル《H1》にジャンプするので、Ctrl キーを押したまま 1 のキーを押して❶、
【セルの書式設定】ダイアログボックスを表示します。【保護】タブを選択して❷、
【ロック】のチェックを外し❸、【OK】ボタンをクリックします❹。

同様の方法でセル《I1》のロックを外します。そこまでできたら、【校閲】タブを選択して❶、【シートの保護】をクリックします❷。

【シートの保護】ダイアログボックスが表示されます。下の方にスクロールし、【オブジェクトの編集】のチェックを外します❶。【OK】ボタンをクリックします❷。これでシートの保護を完了します。

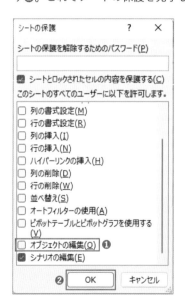

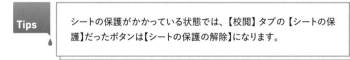

Tips シートの保護がかかっている状態では、【校閲】タブの【シートの保護】だったボタンは【シートの保護の解除】になります。

《メイン画面》シートのセル《B1》に何かを入力しようとすると、保護されているというメッセージが表示されて、入力できません。確認したらこのメッセージは【OK】ボタンで閉じます。

「見積前」の図形をクリックすると「見積前の案件」だけを表示できます。保護がかかっていても図形に設定したマクロやVBA、リンクは動作します。

　入力の制限ができたら、以下の箇所のシートでもセルのロックを外し、それぞれにシートで保護をかけましょう。

-POINT-

「見積前」の図形は右クリックしても何の反応もありません。
これは【シートの保護】ダイアログボックスで【オブジェクトの編集】のチェックを外し、編集できなくしたためです。

シート	セル
案件入力	セル《C3》と《C4》
月次請求	セル《B2》と《B3》

Tips

シートを保護する際に【シートの保護】ダイアログボックスでパスワードを設定することができます。設定すると、パスワードを知らないと保護を解除できなくなります。パスワードを忘れて保護の解除ができなくなったという話をよく聞きます。少なくとも、このような仕組みを作成している途中ではパスワードを設定する必要はありません。全部ができ上がったときに、パスワードが必要か判断し設定しましょう。

9.5 ファイルを開いたら必ずメイン画面を表示させる

サンプル　before9-5.xlsm

┤ 操 作 ├

> ファイルを開いた際に必ず《メイン画面》シートが表示されるようにします。「ブックに対するマクロ」を設定することで、そうした動作を実現できます。

　ファイルを開くと同時に、必ず《メイン画面》シートを自動で表示させましょう。もし《見積書》シートで操作をやめたとしても、次に開くときに《メイン画面》シートで開いてくれると便利です。これまでは図形のクリックや、「セルに対するアクション」をきっかけに開始するVBAを作成しました。今度は、「ブックに対するマクロ」を登録します。

　VBEの【プロジェクトエクスプローラー】でシートの一覧が表示されている中に「ThisWorkbook」があります。これがブックに対して何らかのアクションが起きたときに開始するVBAを記載する箇所です。今回は、「ブックが開かれたら」動作のきっかけとしますので、「Workbook_Open」という名前のVBAを作成します。

　VBEを開き、【プロジェクトエクスプローラー】で「ThisWorkbook」をダブルクリックします❶。

「(General)」と書いてある箇所の下向き三角をクリックして、「Workbook」を
クリックします❶。

そうすると、VBA「Private Sub Workbook_Open」が作成されます。次の
VBAを「Private Sub Workbook_Open」の中に入力し、保存します。

```
ThisWorkbook.Sheets("メイン画面").Select
ThisWorkbook.Sheets("メイン画面").Range("A4").Select
```

最終チェック

サンプル　before9-6.xlsm

─┤ 操 作 ├─

最後にこれまで作った仕組みをもう一度動作確認します。案件登録→
見積→注文→納品→請求→入金の順番に一連の操作を連続して行って
確認しましょう。

　ここまででき上がったらあと一息です。最終チェックを行いましょう。最終
チェックでは新規案件「受発注システム」を取引先「POTA株式会社」へ販売する
流れで試していきます。また、一度登録した見積データは更新します。
　販売商品は以下のとおりです。

商品	数量
POS管理システム	1
マウス	2
クライアント	2
サーバー	1
技術料A	12
技術料B	20

案件登録する

　まず、いったん上書き保存をしてファイルを閉じ、再度開きます。《メイン
画面》シートのセル《A4》がアクティブセルになっていることを確認します。

今の日付がセル《B1》に表示されていることを確認します。

「案件登録」の図形をクリックします❶。

《案件入力》シートのセル《C3》がアクティブセルになることを確認します。

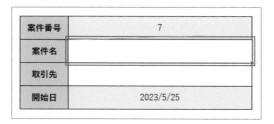

「受発注システム」「POTA株式会社」を入力し❶、「案件登録」の図形をクリックします❷。

《メイン画面》シートに「受発注システム」が登録されます。

「見積前」の図形をクリックします❶。表示内容に「受発注システム」が含まれていること、表示されている案件がすべて「見積前」のものだけになっていることを確認します。確認したら「リセット」をクリックしてすべての案件を表示します❷。

見積書を作成する

「受発注システム」の「見積日」をクリックします❶。

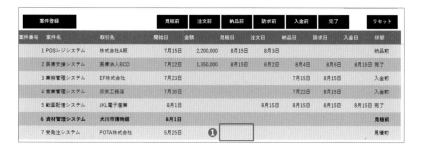

《見積書》シートに移動することを確認します。確認用のデータを入力しますので、見積書の商品から下に5行選択します❶。

右クリックし❶、【挿入】の中の【テーブルの行(上)】をクリックします❷。

「商品」と「個数」を入力し❶、「見積登録」の図形をクリックします❷。

《メイン画面》シートの「受発注システム」に「金額」と「日付」が入ることを確認します。金額は「2,765,000」で、日付は現在の日付が入ります。また、見積書ができ上がっていることを確認します。

案件番号	案件名	取引先	開始日	金額	見積日	注文日	納品日	請求日	入金日	状態
1	POSレジシステム	株式会社A販	7月15日	2,200,000	8月15日	8月3日				納品前
2	医療支援システム	医療法人BCD	7月22日	1,350,000	8月15日	8月2日	8月4日	8月6日	8月15日	完了
3	業務管理システム	EF株式会社	7月23日				7月15日	8月15日		入金前
4	営業管理システム	辰寅工務店	7月30日				7月23日	8月15日		入金前
5	動画配信システム	JKL電子産業	8月1日			8月15日	8月15日	8月15日	8月15日	完了
6	資材管理システム	大川市博物館	8月1日							見積前
7	受発注システム	POTA株式会社	5月25日	2,760,000	5月25日					注文前

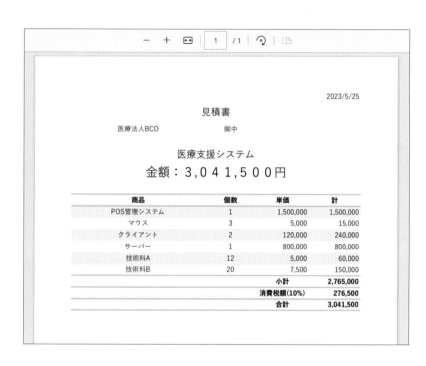

見積データの更新のチェックをするので、もう一度「受発注システム」の「見積日」をクリックします❶。

見積書が表示されるので、内容を書き換えます。「サーバー」を「高性能サーバー」に書き換え、「マウス」を削除し、「トラックボール」を2個追加、「技術料B」の数量を25に変更し❶、「見積登録」のボタンをクリックします❷。新しく見積書が作成されます。

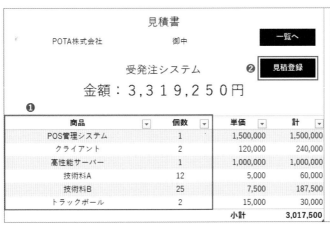

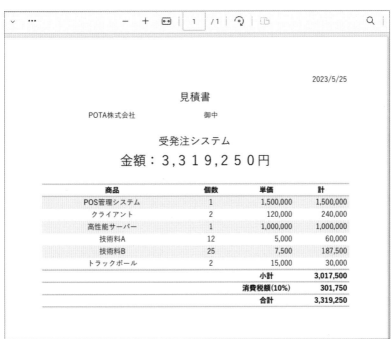

《メイン画面》シートに移動します。「受発注システム」の金額が「3,017,500」になることを確認します。

「注文前」の図形をクリックし❶、表示内容に「受発注システム」が含まれていること、表示されている案件がすべて「注文前」のものだけになっていることを確認します。確認したら「リセット」の図形をクリックします❷。

注文処理を行う ▼

「受発注システム」の「注文日」をクリックします❶。

「注文処理しますか？」のメッセージが表示されるので、「はい」をクリックします❶。

「受発注システム」の「注文日」に現在の日付が入ることを確認します。

案件番号	案件名	取引先	開始日	金額	見積日	注文日	納品日	請求日
1	POSレジシステム	株式会社A販	7月15日	2,200,000	8月15日	8月3日		
2	医療支援システム	医療法人BCD	7月22日	2,765,000	5月25日	8月2日	8月4日	
3	業務管理システム	EF株式会社	7月23日				7月15日	8
4	営業管理システム	辰寅工務店	7月30日				7月23日	8
5	動画配信システム	JKL電子産業	8月1日			8月15日	8月15日	8
6	資材管理システム	犬川市博物館	8月1日					
7	受発注システム	POTA株式会社	5月25日	3,017,500	5月25日	5月25日		

「納品前」の図形をクリックします❶。表示内容に「受発注システム」が含まれていること、表示されている案件がすべて「納品前」のものだけになっていることを確認します。確認したら「リセット」の図形をクリックします❷。

案件登録			見積前	注文前	納品前	請求前	入金前	完了	リセット
案件番号	案件名	取引先	開始日	金額	見積日	注文日	納品日	請求日	入金日	状態
1	POSレジシステム	株式会社A販	7月15日	2,200,000	8月15日	8月3日				納品前
7	受発注システム	POTA株式会社	5月25日	3,017,500	5月25日	5月25日				納品前

納品処理を行う

「受発注システム」の「納品日」をクリックします❶。

案件番号	案件名	取引先	開始日	金額	見積日	注文日	納品日	請求日	入金日	状態
1	POSレジシステム	株式会社A販	7月15日	2,200,000	8月15日	8月3日				納品前
2	医療支援システム	医療法人BCD	7月22日	2,765,000	5月25日	8月2日	8月4日	8月6日	8月15日	完了
3	業務管理システム	EF株式会社	7月23日					7月15日	8月15日		入金前
4	営業管理システム	辰寅工務店	7月30日					7月23日	8月15日		入金前
5	動画配信システム	JKL電子産業	8月1日				8月15日	8月15日	8月15日	8月15日	完了
6	資材管理システム	犬川市博物館	8月1日					❶			見積前
7	受発注システム	POTA株式会社	5月25日	3,017,500	5月25日	5月25日				納品前

「納品処理しますか？」のメッセージが表示されるので、「はい」をクリックします❶。

《メイン画面》シートの「受発注システム」の「納品日」に現在の日付が入ることを確認します。

案件登録			見積前	注文前	納品前	請求前	入金前	完了		リセット	
案件番号	案件名	取引先	開始日	金額	見積日	注文日	納品日	請求日	入金日	状態	
1	POSレジシステム	株式会社A販	7月15日	2,200,000	8月15日	8月3日				納品前	
2	医療支援システム	医療法人BCD	7月22日	2,765,000	5月25日	8月2日	8月4日	8月6日	8月15日	完了	
3	業務管理システム	EF株式会社	7月23日				7月15日	8月15日		入金前	
4	営業管理システム	辰寅工務店	7月30日				7月23日	8月15日		入金前	
5	動画配信システム	JKL電子産業	8月1日			8月15日	8月15日	8月15日	8月15日	完了	
6	資材管理システム	犬川市博物館	8月1日							見積前	
7	受発注システム	POTA株式会社	5月25日	3,017,500	5月25日	5月25日	5月25日			請求前	

「請求前」の図形をクリックします❶。表示内容に「受発注システム」が含まれていること、表示されている案件がすべて「請求前」のものだけになっているこ

とを確認します。また、納品書が作成されます。確認したら「リセット」の図形をクリックします❷。

請求処理を行う

「受発注システム」の「請求日」をクリックします❶。

「請求処理しますか?」のメッセージが表示されるので、「はい」をクリックします●。

《メイン画面》シートの「受発注システム」の「請求日」に現在の日付が入ることを確認します。

案件番号	案件名	取引先	開始日	金額	見積日	注文日	納品日	請求日	入金日	状態
1	POSレジシステム	株式会社A販	7月15日	2,200,000	8月15日	8月3日				納品前
2	医療支援システム	医療法人BCD	7月22日	2,765,000	5月25日	8月2日	8月4日	8月6日	8月15日	完了
3	業務管理システム	EF株式会社	7月23日					7月15日	8月15日		入金前
4	営業管理システム	辰実工務店	7月30日					7月23日	8月15日		入金前
5	動画配信システム	JKL電子産業	8月1日				8月15日	8月15日	8月15日	8月15日	完了
6	資材管理システム	犬川市博物館	8月1日								見積前
7	受発注システム	POTA株式会社	5月25日	3,017,500	5月25日	5月25日	5月25日	5月25日		入金前

「入金前」の図形をクリックします●。表示内容に「受発注システム」が含まれていること、表示されている案件がすべて「入金前」のものだけになっていることを確認します。また、請求書が作成されることを確認します。確認したらリセットの図形をクリックします❷。

| | | | | | | | ● | | ❷ |

案件登録			見積前	注文前	納品前	請求前	入金前	完了	リセット
案件番号	案件名	取引先	開始日	金額	見積日	注文日	納品日	請求日	入金日	状態
3	業務管理システム	EF株式会社	7月23日					7月15日	8月15日		入金前
4	営業管理システム	辰実工務店	7月30日					7月23日	8月15日		入金前
7	受発注システム	POTA株式会社	5月25日	3,017,500	5月25日	5月25日	5月25日	5月25日		入金前

第9章 より便利に仕上げる

入金処理を行う

「受発注システム」の「入金日」をクリックします❶。

案件番号	案件名	取引先	開始日	金額	見積日	注文日	納品日	請求日	入金日
1	POSレジシステム	株式会社A販	7月15日	2,200,000	8月15日	8月3日			
2	医療支援システム	医療法人BCD	7月22日	2,765,000	5月25日	8月2日	8月4日	8月6日	8月15日
3	業務管理システム	EF株式会社	7月23日				7月15日	8月15日	
4	営業管理システム	辰東工務店	7月30日				7月23日	8月15日	
5	動画配信システム	JKL電子産業	8月1日			8月15日	8月15日	8月15日	8月15日
6	資材管理システム	犬川市博物館	8月1日						❶
7	受発注システム	POTA株式会社	5月25日	3,017,500	5月25日	5月25日	5月25日	5月25日	

「入金処理しますか？」のメッセージが表示されるので、「はい」をクリックします❶。

「受発注システム」の「入金日」に現在の日付が入ることを確認します。

「完了」の図形をクリックします❶。表示内容に「受発注システム」が含まれていること、表示されている案件がすべて「完了」のものだけになっていることを確認します。以上で完成です。確認したら「リセット」の図形をクリックします❷。

Index

著者略歴

佐藤嘉浩

Excelインストラクター。Excel使用歴30年、MOS（マイクロソフト
オフィススペシャリスト）全科目取得。Microsoft Officeのプロフェッ
ショナルであり、実践的な業務効率化のテクニックを伝授する。
通称「Officeの魔法使い」。雑誌やブログメディアにも積極的に
記事を執筆し、幅広く情報を提供している。電子回路に詳しい
経験を活かし、ハードウェアのトラブルシューティングも得意と
する。『1日で上達！ Excel魔法の教室』（プレジデント社）監修。

Webサイト：https://www.yosato.net/
Twitter：@yosatonet

デザイン
原真一朗

カバーイラスト
金安亮

編集
石井智洋

Excelで"時短"システム構築術
―― 案件管理の効率化を簡単に実現しよう!

2023年9月5日 初版 第1刷発行

著者	佐藤嘉浩
発行者	片岡巌
発行所	株式会社技術評論社
	東京都新宿区市谷左内町21-13
	電話　03-3513-6150（販売促進部）
	03-3513-6166（書籍編集部）
印刷／製本	日経印刷株式会社

定価はカバーに表示してあります。
本書の一部または全部を著作権法の定める範囲を
超え、無断で複写、複製、転載、あるいはファイ
ルに落とすことを禁じます。

ISBN 978-4-297-13617-8 C3055
Printed In Japan

お問い合わせについて

本書の内容に関するご質問は、下記の宛先
までFAXまたは書面にてお送りいただくか、
弊社Webサイトの質問フォームよりお送り
ください。お電話によるご質問、および本
書に記載されている内容以外のご質問には、
一切お答えできません。あらかじめご了承
ください。

〒162-0846 東京都新宿区市谷左内町21-13
株式会社技術評論社 書籍編集部
「Excelで"時短"システム構築術」質問係
FAX：03-3513-6183
技術評論社Webサイト：
https://gihyo.jp/book/

なお、ご質問の際に記載いただいた個人情
報は質問の返答以外の目的には使用いたし
ません。また、質問の返答後は速やかに削
除させていただきます。